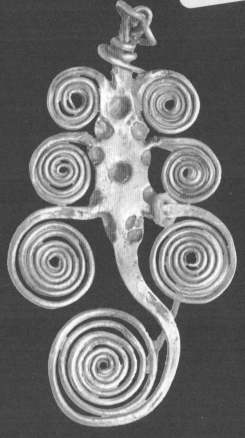

女王的珥尔：耳饰的艺术

鲜丹丹·编著

中国纺织出版社有限公司 ｜ 国家一级出版社
全国百佳图书出版单位

内 容 提 要

《女王的珥尔：耳饰的艺术》基于作者和耳饰十年情缘的实践积累，介绍了耳饰的历史文化、耳饰的实用搭配技巧、耳饰的公益传承等，为读者展示了耳饰的独特魅力，具有一定的收藏和实用价值。全书图文并茂、图片精美，是一本难得的耳饰推广和传播图书。

图书在版编目（CIP）数据

女王的珥尔：耳饰的艺术 / 鲜丹丹编著. --北京：
中国纺织出版社有限公司，2021.3
ISBN 978-7-5180-8171-4

Ⅰ．①女… Ⅱ．①鲜… Ⅲ．①首饰-介绍-中国
Ⅳ．①TS934.3

中国版本图书馆CIP数据核字(2020)第220447号

策划编辑：刘 丹 向连英 特约编辑：金 彤 责任印制：储志伟 装帧设计：子鹏语衣

中国纺织出版社有限公司出版发行
地址：北京市朝阳区百子湾东里 A407 号楼 邮政编码：100124
销售电话：010—67004422 传真：010—87155801
http://www.c-textilep.com
中国纺织出版社天猫旗舰店
官方微博 http://weibo.com/2119887771
北京华联印刷有限公司印刷 各地新华书店经销
2021 年 3 月第 1 版第 1 次印刷
开本：710×1000 1/16 印张：13.5
字数：128 千字 定价：88.00 元

审 美 心 理 学 与 耳 饰

耳饰是呈现美的方式之一

爱美是人类的天性。审美心理学研究发现，美感能让我们产生快乐[1]，对美的认识过程是感受、知觉、情感、想象等心理活动的有机统一[2]。产生美感的关键在于不能脱离对具体形象的感性印象[3]。美需要通过事物的外部特征表现出来，才能被人们感知接受并进行心理加工[4]。

尽管不同心理学派对审美的产生过程、影响因素等有着不同的解释，但都认同美对于人类社会进步的作用。人们向往的美好生活，不仅要"好"，也必须要"美"。

面部因耳饰装点而愈加美丽

1. 西村清和 . 最终讲义 : 感性学（美学）中的快乐与情感 [J]. 中国美学，2018 年，02 期 .
2. Gustav Theodor Fechner. 美学导论 [M]. 德国 .
3. 朱光潜 . 文艺心理学 [M]. 上海，复旦大学出版社，2009.
4. 李萍 . 美感产生的根源 [J]. 湖北函授大学学报，2014 年，第 27 卷第 7 期 .

创造美是自利且利他的一种美德。拥有更加符合大众审美情趣的外形，是制造美感的方式，也是愉悦自己和他人、为生活带来幸福感的行为。恰如其分地装扮是一种能力，也是一种精神与内涵的外化。

人类在数万年前就通过制作饰品装饰自身，这是在意识层面超越动物的具体表现。当今物质极大丰富，为我们不断提升审美能力提供了极好的条件。众多饰物中，耳饰的装饰效果最佳、成本最低、变化最显著，我们甚至可以365天不重复地更换配饰，享受创造美感带来的无穷妙处，何乐而不为？

不同耳饰营造不同风格的美

于我而言，对耳饰的喜爱最初源于本能和直觉。后来在学习积极心理学的过程中，我逐步了解了背后的原因，也更加坚定了传播耳饰文化的想法。快乐与幸福的体验来自生活中美好事物带给我们的点点滴滴的感受。

耳饰不言，美丽自现。

珥 尔 缘 起

珥，顾名思义，指耳上的饰物；珥尔，则是与耳部装点有关的故事。其实，也是关于人的林林总总。

不知从何时开始，我不可救药地爱上了耳饰。它们是修饰面部最好的装饰之一。或妩媚，或优雅；或灵动，或沉寂；或夸张，或小巧；或粗放，或精致；或纯洁，或斑斓；或复古，或现代；或厚重，或简约……小小变化，大大改观。我不得不叹服于耳饰带来的神奇魔法。

耳饰可以修饰脸型，塑造风格

从中医角度看，佩戴耳饰对人体健康有保健功效，而且其对人面部轮廓极大的修饰作用称得上饰品之王——佩戴即可改变脸部线条，提升内在气质，聚焦万千目光。

佩戴耳饰成为人群中的焦点

我们的生活需要装点，但在日常场合又不宜太过华丽，浑身挂满饰品难免让人联想到圣诞树。如果在各类饰品中只能选择其一，那么耳饰便已足矣。轻轻点缀，谈笑中闪烁玲珑光影，动静间尽显个性风姿。

口说无凭，眼见为实。对比佩戴耳饰与不戴的效果（见下页图），差异是不是显而易见？

无论长发短发，直发卷发，盘发披发，耳饰都能在脸庞边缘与其呼应，相得益彰。

耳饰让人更添灵动之气

不同造型、材质和色彩的耳环，其修饰功能也不尽相同：或提升气场，或尽显柔美，或增强稚气，或蕴含优雅，或凝练知性。脸颊边的闪动和光彩，会让旁人眼前骤然一亮。耳饰的重要意义，让我想要和爱美的你、尊重自己的你、热爱生活的你一起分享，一起交流，一起活得更加精致美好。

从喜欢到收藏再到研究，十年间我积累了一些心得，更得到了很多朋友的关注和支持，这些让我下定决心来做一名耳饰文化传播者。

这本书将用我的视角来讲述耳饰，讲述耳饰与人。

耳饰让整体造型更加出彩

衷心感谢所有鼓励我成书并在此书中留下"足迹"的人们。他们是贡献出高质量作品的摄影师：梁立老师、李金海老师、刘晶羽老师，以及新锐摄影师张磊、谭海青；展示出动人倩影的丽人们：谢君俐、孙晨以及众多中外专业模特；手绘插图的漫画家郭芊；指导我出版的印蓓蓓老师、向连英主任和宋志刚老师，还有为使本书更有趣、更美观奉献了无数智慧与心血的编辑刘丹老师等。

这一路与大家同行，是我莫大的幸福。如若此书能将耳饰魅力的万分之一展示在读者面前，唤起大众对耳饰文化和需求的共鸣，那么此书便有了存在的意义。

鲜丹丹

2020 年 10 月

目 录

第一章

戴耳饰是权力与地位的象征

耳饰的历史其实是一部人类进化史。历史是严肃可敬的。要讲清耳饰的历史很难，因为没有太多可供查阅的研究文献。我也是从各种资料中寻找蛛丝马迹，加以通盘连缀，形成了些许观点。

爱美是人类的天性。饰品背后往往是思想和审美的发展与进阶。

在研究耳饰起源的时候，我在网络上看到过这样的论断：据考古学家研究，耳饰的起源可以追溯到 50 万年前的旧石器时代，那时周口店的中国猿人已经用石头、兽牙或贝壳来制作耳饰了。对此，我个人持保留态度。那时周口店出土的文物中确有中间穿孔饰品，但是否用作耳饰，我们不得而知；而且考古界对于北京猿人是否是现代人的祖先也尚有争论。目前有研究认为，根据 DNA 和 Y 染色体分析，我们是非洲智人的后代[1]。4 ～ 6 万年前非洲智人来到了中国南方，在这里繁衍生息，进化发展，渐渐形成了中华文明。如果这个结论成立，非洲智人真的很有开拓精神，他们雄霸了世界。

---

1. 江虎军，张凤珠 . Y 染色体研究揭示：现代东亚人起源于非洲 [J]. 自然科学进展，2002 年 12 卷 05 期 .

智人制作和佩戴饰品的历史至少可追溯到 10 万年前，而尼安德特人在 13 万年前就使用鹰爪制作出了人类最早的首饰[1]。这说明他们的抽象认知能力已达到一定水平，很可能具有符号思维能力和语言能力。在中国境内的山顶洞人考古遗迹中，发现了骨针和饰品[2]，说明大概在 3 万年前，中国人的祖先就开始穿衣服和装饰自己了。但尚无证据表明他们佩戴耳饰，因为世界旧石器时代考古学中并未出现过耳饰[3]。

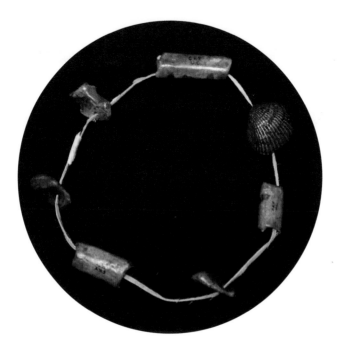

周口店遗址骨贝壳饰品

值得骄傲的是，现在史料有记载的最早耳饰出土于中国——约 8000 年前的新石器时代中期内蒙古地区的兴隆洼文化玉耳玦。这也是至今发现的世界上最早的玉耳饰，

1. 参考消息网，2015 年 4 月 5 日.
2. 胡明. 从山顶洞人装饰品看原始人对美的追求 [J]. 兰台世界，2015 年 12 期.
3. 李芽. 耳畔流光：中国历代耳饰 [M]. 北京，中国纺织出版社，2015 年.

很可能是人类历史上已知最古老的耳饰[1]。墓主人生前具有特殊的等级、地位和身份，是兼掌聚落神权、世俗权的巫兼聚落首领。由于当时的玉玦非常珍贵——青铜器出现之前，玉器的制作也需要投入相当多的时间和精力，不是人人都可以拥有的——因而并非世俗性的装饰品，而是事神的玉器。巫在事神时必须将其佩戴在耳部，方能进入具有事神气氛和状态的祭祀程序。死后亦佩戴在耳部[2]。

 新石器时期的玉玦

亚姆纳亚人是一群神秘的牧民，生活在约 5500 年前的欧亚草原，是西方文明的奠基者之一。在俄罗斯南部地区曾发现一个 100 米长的亚姆纳亚人墓地，根据作为随葬品的各种武器推断，墓主人可能是一位英勇的战士。墓中同时还出土了一对金耳环，说明墓主人身份地位非同一般，因为当时亚姆纳亚人很少拥有黄金，只有先进的技术才能制作黄金饰品[3]。而珍贵的黄金被做成了耳环，可见耳环也有特殊的意义。但限于史料不详，无法进一步说明其意义。

研究耳环的历史，必须结合人类的进化史和文化艺术发展史。越往深里走，越是错综复杂。但可以肯定的是，佩戴耳饰绝非一些未经考证者所谓的"贱者之事"，它最早是权力与地位的象征。后来之所以生出此等说法，自然离不开封建社会对妇女的轻蔑与压迫。

1. 李芽 . 耳畔流光：中国历代耳饰 [M]. 北京：中国纺织出版社，2015 年 .
2. 何苗 . 耳中明月珰——耳环的前世今生 [J]. 明日风尚，2016 年 19 期 .
3. 科学之谜 . 9 大墓地揭秘出人类的进化 [J]. 大科技，2017 年 3 月 .

耳饰与"通天"

通天教主是《封神演义》里的大反派，武王伐纣之所以如此艰险坎坷，正因为通天教主和徒弟助纣为虐，制造了无数障碍。他摆下的诛仙阵大大为难了正义一方，元始天尊、太上老君加上准提和接引，这两位与西方二圣联手出击，才得以破解。通天教主的神力与法器的威力之大，可谓名副其实。

天，在中国文化里历来是最高、最神秘、最强大的存在。即便当今科技如此发达，人们仍然要看天色决定是否带伞，农民还常感叹要"靠天吃饭"，而形容超越认知和局限的事物，人们往往会说"只有天知道"。得到天的旨意素来是古人最渴求之物，所以祭天永远是第一位的"礼"。而"通天"是古代巫的职责，他们拥有很高的权力与地位。

上一节提到的墓穴主人生前具有特殊的等级、地位和身份，是兼掌聚落神权、世俗权的巫兼聚落首领。巫在事神时必须将玉玦佩戴在耳部，方能进入具有事神气氛和状态的祭祀程序。那么为什么戴在耳部？古人认为耳朵有什么特殊的意义？是否跟"通天"有关？这就必须说说耳朵与"通天"的关系。

繁体的"圣"字如是写：耳＋口＋王（聖）。仔细体味其中的奥妙，会发现古人非常重视耳朵，否则为什么不写作"目＋口＋王"呢。中国历史上的第一位先贤圣哲老子，名李耳，或称老聃，传说长有特殊的耳朵。上述种种皆围绕耳朵做文章，似非偶然。古人将头视为人体与天神最接近的部位。《荀子·天论》道："耳目鼻口形，能各有接而不相能也，夫是之谓天官。" 头上的所有孔窍都是通天和通神的器官，称之为"天官"。人头上最显著的两个凸起就是双耳，犹如两只天线，接收和传递着神圣信息。耳朵的优先地位是由突出的外在特征所决定的。因此，耳朵从五官中脱颖而出，获得了"天柱"的美称[1]。这就不难理解佩戴玉耳饰的原初意义了——以人工装饰物的形式，直观确认"天柱"通天的有效性。

"耳为天官和天柱"的观念，将耳朵"通天"的功能保留在远古耳饰礼俗之中，一直流传下来。从史前时代进入文明时代，神话的意味逐渐淡化乃至清弥，但是建立在神话观上的耳饰礼俗行为，却依然顽强地传至后世。耳饰的出现不仅源于美学，也许更多源于信仰，源于新石器时代的世界观。我们可以从耳饰的起源与发展中看到华夏文明的缩影。

---

1. 叶舒宪.珥蛇与珥玉：玉耳饰起源的神话背景 [J].百色学院学报，2012 年第 25 卷第 1 期.

耳饰给你美丽和健康

中医的博大精深让全世界叹服。考古学家研究提出，中医的起源可以追溯到170万年前[1]。祖先们经过长时间的观察、试验和总结，逐渐形成了中医体系。我小时候为了治疗皮肤病喝了很多中药，据说是运用药材的四气——寒热温凉、五味——酸苦甘辛咸以及药物的归经等，调整人体阴阳、脏腑、气血的盛衰，这叫"内治"。中药难熬，而且普遍口感不佳，比起"内治"，用中医的"外治"方式治病——以针灸、推拿及其他刺激方式作用于体表之皮部，通过经络、腧穴的良性调整作用防治疾病，更具有广泛运用性，且疗效好，更安全，操作简便，成本低廉[2]。

有一个故事，讲的是一名盲女幸运地遇到一位神医，通过穿耳戴环的方式重获光明。虽然只是个传说，但其中暗含道理。临床通常所指的人体腧穴共有365个，其中耳朵上就有100余个。耳穴的分布就像一个在子宫内倒置的胎儿，头部朝下，臀部及下肢朝上，胸腹部及主躯干在中间。耳垂穴位与头面部穴位对应，与上肢对应的穴位在耳舟，与躯干下肢对应的穴位在耳轮，与内脏对应的穴位在耳甲。《黄帝内经》讲："耳者，宗脉之所聚也。"利用耳穴诊断疾病和治疗疾病从2000多年前就开始了。由于耳朵上分布着密密麻麻的穴位，成为全身器官组织特有的反射区，因此，刺激

---

1. 张炎. 回溯170万年针砭路——解读中医起源 [J]. 生命世界，2010年04期.
2. 曹大明. 从针灸、推拿的起源谈中医外治法的发展 [J]. 河南中医学院学报，2008年1月第1期.

耳穴可疏通经气，调节脏腑功能，使五脏精气充盛，经络气血畅达[1]，能起到镇痛、提高机体免疫力、调节内脏功能的作用，最终达到防病、治病、保健强身、美容护肤的功效[2]。

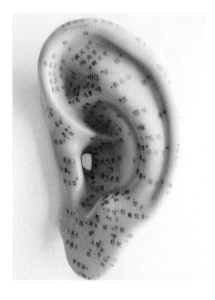
耳部穴位

刺激耳穴的方法主要有针刺、埋针、放血、耳穴贴压、磁疗、按摩等。其中效果好又便利的就属耳穴贴压了。耳穴贴压又叫压丸法，即在耳穴表面进行敷贴压丸的一种简易疗法，它既能持续刺激穴位，又安全无损伤，目前被广泛应用于养生保健。这和佩戴夹式耳饰有异曲同工之妙。

其实我们佩戴耳饰的部分（耳垂）是面颊和眼睛的反射点。戴上耳饰，等于在眼穴上给予固定刺激。力度适当的话，还有良好的按摩作用。戴耳饰不仅有健脑明目的功效，或许还有预防近视、早花眼和急性结膜炎的作用，对目赤眼痛和某些慢性眼病也有一定的治疗作用[3]。或许我这些年来视力保持良好与每天佩戴耳饰有关。佩戴耳饰的美容功效已经通过修饰作用表露无遗了，至于是否还具有内部调节的功效，尚只是推测和假说。大家不妨自己做一个实验，验证佩戴耳饰是否有益健康。

于我而言，佩戴耳饰是美丽又健康的选择。同时，我也不禁感叹人体是一个神奇的系统，中医更是人类的瑰宝。

1.洪钰芳、朱侃.掐掐耳朵能治病[J].快乐养生，2015年03期.
2.xm蒲公英.耳朵，你所不知道的秘密.网络文章.
3.夏文慧.耳环与眼病[J].中国眼镜科技杂志，2001年05期.

曾经落寞挡不住爱美之心

游弋历史长河，我们可以看到耳饰的浮浮沉沉。

远古时代，佩戴耳饰是权力与地位的象征。考古发现，新石器时代墓葬中大量出土过质料不同、形状各异的耳饰。如浙江河姆渡、江苏常州圩墩、四川巫山大溪、安徽含山凌家滩等地出土过耳玦，吉林镇赉聚宝山等地出土过耳坠，辽宁沈阳新乐出土过耳珰。穿耳或戴耳饰的各类人物雕像及人形器皿也有大量出土，如陕西西安半坡、高寺头，安徽含山、甘肃仰韶文化遗址等地出土的人物雕像，浙江嘉兴大坟遗址出土的人像葫芦瓶等[1]。那时，耳饰似乎是人们争相追逐的物品。

进入夏商以后，这种古老的妆饰习俗还有所延续，但此时出土的穿耳人物形象，除了神人，还有奴隶，不分男女，均在耳部有穿孔。如果说神人和巫师佩戴耳饰是一种身份的象征，有着某种图腾的意义，那么奴隶穿耳则代表了惩罚和卑贱。先秦时期，穿耳成了一种刑罚。《司马法》中的"小罪聅"指的就是用穿耳的方法对犯事者施以惩戒。此外，周朝的儒、法、道等各种思想均对穿耳之俗进行了明确抵制。

1. 李芽. 耳畔流光：中国历代耳饰 [M]. 北京：中国纺织出版社，2015 年.

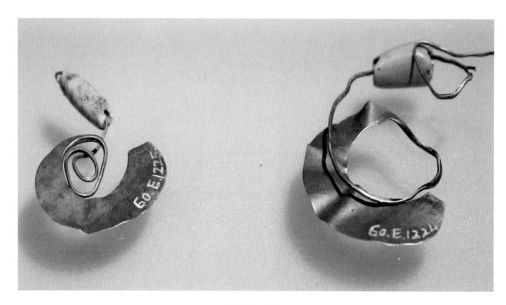

商代金耳饰

周朝是我国礼制文化兴起和确立的时代，最注重和讲究礼仪。衣冠服饰是承载礼制的重要方面。那时强调女性的才能、智慧、精神，以及符合礼仪规范、道德规范的修养和美德，不提倡外表修饰，对穿耳佩戴耳饰这种以破损肉体为代价的修饰就更不齿了。当时以"全德全形"为女性美的最高境界，其中"全形"指在形体上保持完整。穿耳是破坏身体完整性的，自然不被主流文化接受。现在影视作品中出现的周朝某王宫贵族之女戴着耳环，多半是剧组没考虑到当时的社会状况。佩戴耳饰能让女演员更漂亮华丽，却不符合历史实际。

"礼崩乐坏"的春秋战国之后，穿耳的民俗才又略有抬头。战国时期的青铜和宝石镶金耳饰亦有出土，但穿耳带环依然被视作"蛮夷所为"[1]。而后历经汉唐盛世直至

1. 陈东杰，李芽. 中国原始社会耳饰研究 [J]. 中国文物，2012 年第 2 期.

五代十国，耳饰在汉族人的生活中都是比较没落的。从考古资料可以看出，那时佩戴耳饰的人物形象非常罕见，即使有，也多为少数民族。《释名·释首饰》载 ："佩戴耳饰之俗始于蛮夷。"在耳饰文化的传承和发展史上，少数民族功不可没，让耳饰免于从华夏贵族文明中绝迹。小小饰品承载了历史的变迁，寄托了民族融合的期许，即使在创意无限的今天，仍可见其风姿摇曳[1]。

曾经的落寞始终阻挡不了爱美悸动的心。自宋代开始，耳饰一改颓势，再次在汉族女性中流行起来，后来佩戴耳饰甚至成为当时女性不得不为之事。其原因跟政治、经济、哲学等都有关系[2]，是社会发展状况的集中体现之一。最重要的是宋代士大夫

战国时期喇叭形青铜耳饰

1. 孙娟娟 . 辽人耳饰 草原上的摇曳风姿 [J]. 大众考古，2015 年 07 期 .
2. 李芽 . 耳畔流光：中国历代耳饰 [M]. 北京：中国纺织出版社，2015 年 .

战国时期镶松石金耳坠

阶层的兴起，让审美文化发生了很大改变，出现了雅而俗化的趋势。当时主流社会的人们不仅追求思想境界的高超和内心世界的丰富，也注重世俗生活的体验和感官感受。世俗审美看重外显的光芒，因此不仅是耳饰，宋代以前始终未曾兴盛的戒指、手镯、项饰等饰品也都在此时一并发扬光大起来。

不可否认，佩戴耳饰会让人更加美丽，否则已经被大部分人摒弃的旧俗不会再次成为主流。当然，事情并没有那么简单，宋代的女性从爱美而穿耳，到必须要穿耳，背后是一段性别压迫的悲凉史，是女性成为私有财产的表现。好在现代女性已经摆脱了往日束缚，真正拥有了追求美和选择美的权力。耳饰佩戴方法的不断改进，也让穿耳与否脱离了与佩戴耳饰的绝对关联。

东汉盘丝状金耳坠

我爱耳饰是源于鲜卑族

"姓鲜？是汉族吗？是鲜卑后裔吗？"凡初识我的朋友，几乎都会有此疑问。我的姓氏经常成为话题。据我研究文献和家谱：首先，我是汉族人；其次，"鲜"姓已有 3000 多年历史，可以说由来已久，是周武王给商纣王之叔"箕子"族人的赐姓，和鲜卑民族应该没有关系。但我喜爱耳饰的天性和佩戴耳饰的习性真的很像鲜卑族人。可以说，爱耳饰是与鲜卑的特定缘分，也难怪大家会把我和鲜卑民族联系在一起。

提起鲜卑，不禁让我联想到一些活跃在历史或小说中的名人：拓跋宏、长孙皇后、宇文邕、慕容复、独孤求败……他们都是鲜卑族人。这个极富传奇色彩的游牧民族在中华文明的进程中，在推动胡汉民族大融合中做出了突出贡献。

对鲜卑民族的记载最早见于西晋陈寿的《三国志·乌丸鲜卑东夷传》和南朝宋范晔的《后汉书·乌桓鲜卑列传》。鲜卑人被认为是东胡的余部，在东胡被匈奴打败后，退保鲜卑山，以山为族号自立。后来北匈奴西迁，鲜卑"尽据匈奴故地"，组成了以檀石槐为首领的军事联盟，逐步发展成最强大的北方游牧民族。从十六国起，先后有"五胡"、突厥、女真、蒙古和满族等游牧民族政权约 30 个，其中半数为鲜卑各部族所建。可以说鲜卑曾经有着非常辉煌的历史。

十六国时期的鎏金耳坠

北魏是鲜卑建立的最强盛和最有影响力的王朝。对那个乱世来说，北魏给北方带来了100多年相对和平稳定的环境，让百姓得以休养生息，为经济发展创造了条件，也在经济生活、政治生活和精神生活等各个领域实现了全方位的胡汉大融合，为中华大一统的重建，为多元一体的中华民族和中华文化的定格成型，为古老的中华文明焕发新生奠定了基石。有人说冯太后和孝文帝的"汉化改制"把鲜卑给改没了，这句话不无道理。北魏把胡人汉化进程纳入国家政治体制，从而把胡汉民族的大融合推向了全新阶段[1]。由于极致汉化，鲜卑的传统姓氏基本消失，部落大都解体，人民多转向定居从事农业生产，鲜卑的游牧文化被农耕文化取代，鲜卑这个民族也随着政权更替和迁徙逐渐融入其他民族，慢慢消亡。

虽然鲜卑族远去了，但他们在中华文明的画卷上留下了深深印记。从多个鲜卑墓穴中出土的饰品记录了这个民族的习俗、审美和工艺。无论男女，鲜卑人都非常喜欢

1. 管芙蓉. 鲜卑民族对中华文明的影响 [J]. 山西大同大学学报，2011 年 第 25 卷第 6 期.

戴耳饰。鲜卑人设计的耳饰造型丰富，喜用金、银和宝石作为原料，有些制作工艺已经较为复杂。例如吉林榆树的老河深和辽宁西丰西岔沟的鲜卑墓，都出土了金丝扭环带叶金耳饰，除了用金丝扭结或挂珠外，还分层悬缀着极薄的圭形叶片，这是鲜卑早期遗存耳饰中较为典型的一种。还出土了葫芦形涂漆铜耳饰，呈薄片形，上面压制了大小不同的圆泡，并涂有漆片。墓葬中还有一些耳珰出土，上面挂有坠饰。后来随着鲜卑占有财富的增长，造价更高、更加华丽和更加精美的耳饰也相应增多，一些金耳环，在椭圆形的外表上镶嵌绿松石、珍珠等小饰件，让耳饰看起来更加贵重[1]。

北魏金耳坠

这些耳饰虽然已是一两千年前的物件，但如今仍然熠熠生辉，既古典又时尚，充分印证了"时尚根植于传统"的理念。美好与经典总是历久弥新的。姓鲜并不能说明我与鲜卑的关系，但对耳饰的热爱或是我与鲜卑的缘分。

1. 李芽 . 汉魏时期北方民族耳饰研究 [J]. 南都学坛，2013 年第 33 卷第 4 期 .

穿越到唐朝，改写历史的秘密武器

随着物理学的不断发展和科学技术的不断进步，人们已经越来越接受时间和空间可能通过某种方式交错，从而实现穿越的说法。如果可以回到过去，你最想选择哪个时代呢？

我在身边朋友里做了一个小调研，结果70%的人都想去唐朝，去目睹大唐盛世的繁华，感受天朝王国的荣光。对此我也十分好奇：那是一个怎样的时代，是如何的兴旺？不仅疆域辽阔、政治稳定、经济发达、文教昌盛、兼容开放，还诞生了无数影响千年的文人骚客和造诣极高的艺术作品。汉胡绚丽多彩的服饰交相辉映，构成了大唐最动感迷人的景致。但作为一名超级耳环爱好者，如果在唐代生活，估计不会感到太惬意。

耳饰文化在周朝之后走向没落，直到宋代才再度兴起。就算在唐代这样一个思想解放、海纳百川的时代，耳饰也备受冷落。汉族的男男女女，即使穿着再华丽的服饰，头上也难觅耳饰。这是因为唐代重道儒文化，汉人受到"身体发肤，受之父母，不敢毁伤，孝之始也""全德全形"这类礼教思想的管束，法律对胡俗也有较大约束。汉人穿耳是大不敬，所以在没有耳夹的年代，耳饰也就无法佩戴了。

唐《簪花仕女图》

唐《簪花仕女图》局部

拜那些不尊重史实的影视作品所赐，很多人认为唐代的嫔妃和贵族都是满身的珠光宝气，但从唐代的《簪花仕女图》《虢国夫人游春图》《韩熙载夜宴图》《捣练图》等有纪实作用的文物里，可以看到那时的皇亲士族女性都不佩戴耳饰。虽然总感觉她们脸庞边缺少点什么，可事实就是如此。

这里必须赞一下《狄仁杰》系列电影里的武则天形象。无论是华丽、高贵还是霸气的装扮，电影中的女皇始终没有佩戴过耳饰。或许是为了增加角色威严故意忽略耳饰的搭配，也或许剧作者精通中国服饰文化并注重细节。

文献与考古发现也能印证耳饰文化在唐代汉人中的"销声匿迹"。首先，查看以"博"闻名的唐代类书，可以基本判断事物流行与否。唐代有三大类书完整存世：在《艺文类聚》的"衣冠"和"服饰"部中，没有提到耳饰；《初学记》没有提到耳饰；《白

唐代嵌宝石莲瓣纹金耳坠

氏六帖事类集》中也没有耳饰。可见一般唐人是不戴耳饰的。再来看考古方面的证据：从出土的唐代首饰看，耳饰数量十分稀少。在《考古与文物》近年来公布的唐代墓葬品描述中，全国各地的汉人出土随葬品中均没有耳饰的记录，与文献记载的情况吻合，再次佐证了耳饰在唐代的情况[1]。

1. 黄正建.唐代的耳环——兼论天王戴耳环问题 [J].陕西历史博物馆馆刊，2011 年第十三辑.

但唐代是个民族大融合、世界大交融的时代。就像当今的北京，经常可见身着银饰的苗女和金发碧眼的老外。活跃在唐朝国都长安的少数民族和外国人，因佩戴耳饰而成为独特的景观。《旧唐书·西南蛮·婆利》记载："婆利"国"人皆黑色，穿耳附珰"；《通典》记载："林邑"国"男女皆穿耳贯小镮"；"天竺"国"丈夫翦发，穿耳垂珰"……唐人一直把戴耳饰视为少数民族或外国人的特征。从出土的文物来看，虽然唐代不流行佩戴耳饰，但仍然有高超的设计和制作工艺，尽显当时的繁荣气象。

假设我能穿越到唐代，每天带着耳饰游走在大街小巷，估计会被当成"南蛮"。但如果把夹式耳环的技术传播开来，规避开"穿耳"的禁忌，让耳饰加持雍容之风的作用得以发挥，是否会改变历史，让耳环之风在唐人间流行起来呢？这说不定将成为改变女性审美的一大创举。戴上耳饰的杨玉环，应该会更加明艳动人。

回望历史，耳饰文化的沉浮与人们对"穿耳"的看法和民俗密不可分。耳夹的发明是伟大的，未来耳夹也将解放更多不愿穿耳的现代女性，让追求美变得更加随心和自由。

中国耳饰繁盛之始：宋

宋代是耳饰在中国大崛起的开始。那时社会阶层的悄然变化让人们的审美开始由简入繁，由雅化俗。宋代的女性必须穿耳，也成为地位卑微的一种体现。但客观上讲，从皇家到平民女性都佩戴耳饰，极大促进了宋代耳饰在设计和工艺上的发展，为其在后世的进一步发展奠定了基础。

从款式上看，宋代耳饰有耳针、耳环和耳坠，其中以耳环为主。耳环可分为用于穿耳的环脚及用于装饰的主体两部分。环脚有长短之分，或为环状、或为"S"形、或为"几"字形。装饰主体的差异则较大。根据形制，可分为鱼钩形、月牙形和长叶形，以各类花卉果实为主要纹样题材，且体量都颇为小巧玲珑，也伴有少量动物和人物纹饰。其实在唐代之前，动物纹始终占据装饰纹样的主导地位，这反映了在社会生产力相对低下的阶段，人们希望拥有强大的力量。而在唐代之后，随着生产力的提高，人的自我认知得到了发展，审美喜好从使人敬畏赐人力量的神兽题材转向可表达其志向情趣的植物花卉虫鸟题材，这是时代的进步[1]。

1. 李芽 . 耳畔流光：中国历代耳饰 [M]. 北京：中国纺织出版社，2015 年 .

宋代绿松石耳饰

菊花形耳饰

宋代的士大夫阶层通过借物寄情的艺术创作，表达对精神生活的追求，讲究诗文有"言外之境"，音乐有"弦外之音"，造型艺术（如绘画或纹样）有"形外之象"。因此象征士大夫品格和心境的植物，如竹、梅、菊、莲等是常见的耳饰纹样。同时，宋代翰林图画院日益扩大，皇帝的亲自督促和参与极大促进了绘画艺术的发展。在院体风的影响下，宋代的耳饰也多仿生写实，树叶瓜果纹样经常出现在耳饰之上。宋代普通百姓的生活受到士族阶层影响，他们结合自身生活场景，创造出了更多"接地气"的纹样，如寓意多子多孙的"荔枝""石榴"等[1]。

另一种在皇家和贵族中常见的耳饰，是用长串竖直排列的珍珠制作的耳坠，名为"排环"。在旧藏宋代帝后像中，皇后和侍女均戴有"排环"。宋代吴自牧《梦粱录》中记载：仕宦家庭，所送聘礼中有"……珠翠特髻，珠翠团冠，四时冠花，珠翠排环"等首饰。可见，这种耳饰在宋代官宦人家中是必备的。

从材质上看，宋代的耳饰多以金制造，也有银、铜、珍珠等质地，辅以彩色宝石。

随着少数民族的大迁徙与大融合，耳饰在元明清时代发展到了新高度。

1. 李芽 . 耳畔流光：中国历代耳饰 [M]. 北京：中国纺织出版社，2015 年 .

更胜一筹的辽代耳饰

在宋代时期，还有另一个重要的耳饰文化大成者：辽。辽由契丹族建立，存续200多年，最强盛时领土面积达400多万平方公里。虽然辽后来被金所灭，但皇族耶律大石逃到中亚后建立的西辽仍存在了将近100年的时间，版图包括了蒙古西部、哈萨克斯坦东部、乌兹别克斯坦的大部分以及塔吉克斯坦和新疆全境，也是有名的强国。足见契丹这个民族不可小觑。

契丹族或是宇文鲜卑之后，也完全继承了鲜卑男女佩戴耳饰的习俗。鲜卑的耳饰设计和工艺已经达到了一定的水准，而契丹人则进一步发展了耳饰文化，丰富了造型、纹样、材质，提升了制作水平。辽是中国古代北方游牧民族耳饰发展最为兴盛的时期之一，不仅在数量上远超之前，而且其器物造型的多样和工艺的精美程度亦达到李唐以来的新高度，对之后耳饰的发展产生了深远影响[1]。

从目前出土的文物来看，辽的耳饰造型独特，题材多样，制作优美，装饰复杂。其中，摩羯形最具特色，是契丹男女均会佩戴的耳饰形态。之所以钟爱摩羯，与辽的崇佛之风有关。摩羯在唐代从印度传到中国，又称摩伽罗，是印度神话中水神的坐骑，

---

1. 常乐. 东西文化交融视野下的辽代耳饰研究 [J]. 南方文物，2020年02月.

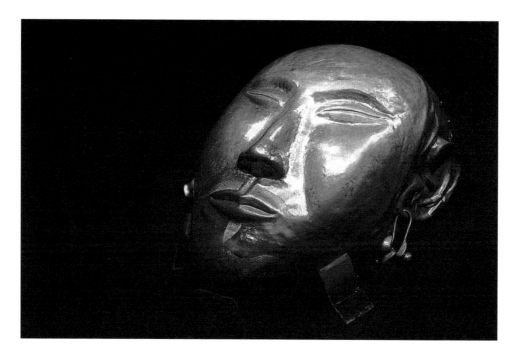
辽代面具的耳饰

龙首鱼身。在佛教经典中，以摩羯比喻菩萨以爱念缚住众生，不到圆满成佛终不放弃。后又有"摩羯以肉济人"的传说，使之成为佛教圣物[1]。佛教的盛行直接影响了契丹族的审美，因此契丹人大量采用摩羯作为耳饰的题材。

如果认为摩羯形就是简单地把耳饰打造成龙首鱼身，那就小看辽的耳饰水平了。契丹人以摩羯为基本形态，发展出了多种更为复杂的造型。如在摩羯前方装饰花状饰物，在多处镶嵌松石；在摩羯嘴、腹、鳍、尾四处系挂金摇叶；以摩羯舟为主形，舟上雕刻人物、亭子[2]……其寓意特殊，制作烦琐，堪称精品。

1. 岑蕊. 摩羯纹考略 [J]. 文物, 1983 年第 10 期.
2. 许晓东. 契丹人的金玉首饰 [J]. 故宫博物院院刊, 2007 年第 6 期.

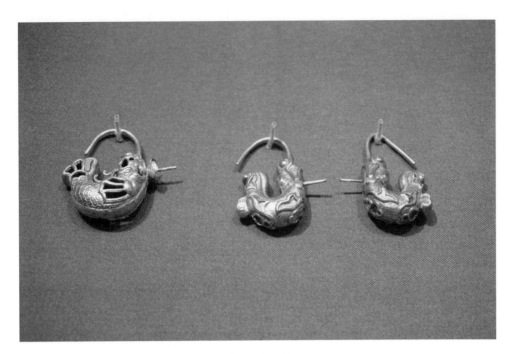

摩羯形金耳饰

辽其实是一个既保持游牧民族特色，又广泛吸纳其他文化的朝代。契丹族在建国前
与唐朝保持着较为密切的联系，辽建立后，统治者采取"因俗而治"的政策，接受
并引进中原地区的先进文化，使得契丹族耳饰文化得以长足发展。耳饰中包蕴较多
的中原文化因素，如凤图案和花果蜂蝶在契丹耳饰中被采用[1]。金玉结合这个主要被
汉族使用的工艺方法，也运用到契丹的耳饰制作中，使耳饰色彩更加丰富且富丽堂皇。
在现存的辽代文物中，就有以珍珠、松石、玉石等镶嵌装饰的耳饰。

有意思的是，在辽的耳饰中，还包含了西方文化的元素。最重要的体现是对琥珀的
喜爱和大量使用。辽出土的耳饰，很多用琥珀作为主要装饰。虽然中国也出产琥珀，

---

1. 李芽. 中国古代耳饰研究 [D]. 上海：上海戏剧学院，2013 年.

但史学家更倾向于辽所用琥珀来源于北欧的波罗的海。另外，辽耳饰所用过的联珠纹是波斯及中亚地区流行的一种纹样[1]，也说明了中亚文化对契丹族文化的影响及当时文化的融合。

虽然辽覆灭了，契丹族也逐渐消失，但他们在耳饰文化、艺术和工艺上的造诣值得称颂，为中华耳饰史留下了一道亮丽的风景。

辽代人形饰品

镶宝石耳环

1. 常乐.东西文化交融视野下的辽代耳饰研究 [J].南方文物，2020年02月.

谁说耳饰不附男：古代男子与耳饰

提到在马背上潇洒驰骋的蒙古王子，是不是会自然联想到一张张搭配着圆形大耳环的粗犷脸庞？其实自古佩戴耳饰就不是女人的专利。

从远古时代，男性就佩戴耳饰了。原始时期最有权力的"巫"，就用耳饰代表自己通天通神的神力和至高无上的地位。传说埃及王室的男性继承者将佩戴耳饰作为自己权力的标志——著名的图坦卡蒙面具有非常显著的耳洞。在古安第斯山脉，地位较高的男性会佩戴耳饰，人们可以通过观察他耳饰的长短、造型来判断他的社会地位。中国北方游牧民族的男子自古沿袭佩戴耳饰的习俗。匈奴、契丹、鲜卑、女真、蒙古等各族的男子，都见证过耳饰风靡的时代。《古今事物考》亦载："耳坠，夷狄男子之饰也，晋始用于中国。" 非洲许多部落的男性也都佩戴耳饰，比如埃塞俄比亚的哈莫族，至今都保持着佩戴耳饰的风俗，并且耳饰的数量与自己妻子的数量一致。

一珠式耳坠可能是元代帝王最普遍佩戴的耳饰。在《元史》中有这样一段记载：忽必烈因耶律希战功赫赫，"遗以耳环，其二珠大如榛，实价值千金，欲穿其耳使带之。"[1]可见，那时用大颗珍珠耳饰赏赐，是极高的礼遇。元代帝王的画像中也可以清楚地看到他们的耳饰。

1. 李芽 . 耳畔流光：中国历代耳饰 [M]. 北京：中国纺织出版社，2015 年 .

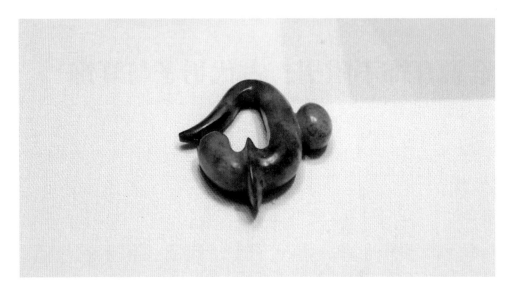

图推测为宋代男士耳饰

《大金国志》里记载："金俗好衣白。辫发垂肩，与契丹异。垂金环，留颅后发，系以金丝。"这里可以看到对男士佩戴耳饰的记载。完颜晏墓穴内的陪葬品中就有一副金耳饰。女真贵族男子也佩戴耳饰，一直延续到清代。清代皇帝的肖像中一般看不见耳饰的踪迹，但从《雍正帝行乐图》里，仍可以见到满装造型的雍正皇帝佩戴着大耳环，这或许是他对旧俗的致敬[1]。

现在进入了审美多元化的时代，更加包容开放的文化氛围为男士佩戴耳饰提供了社会条件。耳饰在欧美时尚男士中十分流行。在很多街拍图片中可以看到男士佩戴不同造型的耳饰。很多人气男明星都会佩戴耳饰。得当的搭配，不仅不会显得过于女性化，还能增加时尚感和精致感。

1. 李芽. 耳畔流光：中国历代耳饰 [M]. 北京：中国纺织出版社，2015 年.

宋代钱选《洗象图》局部：古代男子佩戴耳饰写照

佩戴耳饰的时尚男士

如果你认为戴耳饰是年轻男性的专利，那就小看了时尚大叔们。人们熟悉的体育明星，像贝克汉姆、C 罗、乔丹等，都是耳饰爱好者。贝克汉姆早在 20 年前就把佩戴耳饰作为自己的经典标志，引领了英国的"耳钉热"；C 罗则一直用耳饰巩固自己的潮男形象；乔丹也用耳饰展示出粗犷与精致的完美结合。

还有一些时尚达人，用更加别致的物件作为耳饰佩戴。例如贝克汉姆的大儿子布鲁克林，不但继承了父母的时尚基因，更穿戴出了自己的风格。在 2017 年出席维多利亚大秀的时候，他用别针当耳饰，前卫十足。麦当娜的儿子洛克则把家里钥匙挂在耳朵上做装饰，想象力超群，把"00 后"的个性展现得淋漓尽致。

耳饰让男士别具魅力

神奇的耳饰，不仅在古代男士中风靡一时，未来或许也将成为时尚男士不可或缺的饰品。在男人耳畔，耳饰带来别样风景。

豪情壮丽——金元耳饰探秘

北京连续作为首都的历史始于金代。这个由女真建立的政权，灭了辽和北宋，存续100多年，在中华文明中留下了少数民族政权浓墨重彩的一笔，后来的满族也是女真发展而来的，成了又一个统治全国的少数民族。建立元朝的蒙古则人以强大的武力横扫欧亚大陆，征服几十个国家，称霸一时。他们都是骁勇善战的北方少数民族，也是传承耳饰习俗的主力，为耳饰文化的发展做出了重大贡献。

金在建国之前，深受辽的压制与奴役。建国之后，又与宋并立，因此在文化艺术上与辽和宋的相互影响颇深。与辽一样，金代男女都有佩戴耳饰的习惯。从金代墓葬的出土情况看，金嵌宝和葵花型的简约丁香式耳饰是贵族男士主要佩戴的样式；而宋朝流行的摩羯、花果纹饰和造型则经常出现在金代女性的耳饰中[1]。

辽广泛使用的 C 形耳饰，最早发现于女真前身的黑水靺鞨墓葬之中[2]，说明女真的耳饰形制影响着契丹人的审美。金代女真还有一种极具特色的耳坠，款式起源于**靺鞨族**，并在后世的满族中广泛流行。这类耳饰多由金属环圈和玉坠组成，也有用金属环圈

---

1. 李芽 . 耳畔流光：中国历代耳饰 [M]. 北京：中国纺织出版社，2015 年 .
2. 冯恩学 . 黑水靺鞨的装饰品及渊源 [J]. 华夏考古，2011 年 01 期 .

悬挂铜钱的样式[1]，颇有创意。即使用现代眼光去看，把铜钱挂在耳朵上当耳饰也是十分新潮的。而这样的物件始于唐朝，后来在金代得以发扬，并在清代继续被传承。

金代摩羯形耳饰

元朝最响亮的名字莫过于一代天骄成吉思汗。他带领蒙古铁骑一路西征，促进了东西方贸易和文化交流，让更多西方的饰品和珠宝在元代融入中国。元朝贵族最爱黄金和宝石镶嵌的耳饰，可以用珠光宝气来形容他们的配饰风格。元朝帝王戴耳饰以彰显地位，皇后则用珍珠和宝石做成大塔形葫芦或天茄式耳饰，搭配姑姑冠，在历史上是非常独特的形象。

1. 冯恩学. 黑水鞑鞡的装饰品及渊源 [J]. 华夏考古，2011 年 01 期.

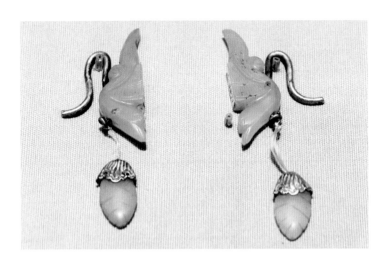

雕绶带鸟玉耳饰

元武宗画像

元代葫芦与珍珠耳饰

元代錾刻花卉金冠饰品

元朝耳饰不乏异域风情的设计以及复杂精巧的纹样，随着珠宝镶嵌工艺的发展，耳饰的色彩更加丰富，华丽程度进一步提升。在各类珠宝中，元朝贵族最爱珍珠，皇家的耳饰制品中可见大量对珍珠的运用。黄金也是蒙古人最爱的财富象征，金耳饰和金镶绿松石在元朝出土的耳饰中是很常见的[1]。

元青花是那个年代最负盛名的创造，它的简洁质朴与黄金珠宝的繁复张扬处于两个极端，却同在元朝盛行发展。青花耳饰能轻易展现出古典、优雅、安静和充满诗意的韵味，搭配白、灰、青、蓝和黑色的素色服装，格外显出脱俗的气质。元朝人崇尚白色，认为白是最有灵性的色彩，代表高贵的出身和好运。一副精巧的青花耳饰，或许在未来能够成为艺术珍品和文化瑰宝。

1. 李芽. 耳畔流光：中国历代耳饰 [M]. 北京：中国纺织出版社，2015 年.

中国耳饰文化的巅峰——明清

俗话说好戏在后头，这句话非常适用于中国的耳饰文化：发展了几千年，到了明清之际达到巅峰。但耳饰成为汉人女子的必备饰物，确是头一遭。作为耳饰的狂热追捧者，我必须为明清两代为耳饰文化所作的贡献点赞，也为那时懂得用耳饰美化自身的审美喝彩。

明代冯梦龙编撰的《醒世恒言》中描述了当时女子佩戴耳饰，是非常普遍和日常的，贫苦小户即使拿不出金银珠宝作耳饰，也会买对铜的或锡的给女子戴着。不佩戴耳环或耳坠，也会戴丁香式小耳钉。这是女性身份的一种标志。到了清代，戴耳饰的传统得以保留和继续发扬，三四岁的幼女便开始穿耳戴环。清代大文人李渔在他的《闲情偶寄》中写："一簪一珥，便可相伴一生。此二物者，则不可做工不求精善。"[1]足见耳饰对女子的重要性。这个观点与我不谋而合，我也认为其他饰物都非必须，唯耳饰不可或缺。

在古代，流行的民间配饰模仿的都是皇家和贵族，帝王和官宦家里的女子就是那时候的偶像，如同现在的明星一样，很快会带动潮流。明代皇家佩戴的耳饰主要有珠

---

1. 李芽. 耳畔流光：中国历代耳饰 [M]. 北京：中国纺织出版社，2015 年.

明代葫芦形镂空金耳饰

明代寿字玉耳饰

明代镶嵌绿松石耳饰

排环、八珠环、大塔形葫芦环、天生茄儿等[1]，命妇还使用佛面环、琵琶耳环、灯笼形耳饰等[2]，样式多变，工艺复杂。在明代，丝绸织绣与金银打造水平可谓登峰造极，饰品式样的丰富性空前绝后，制作精良程度达到了最高水准，这都为耳饰的盛行和传承提供了有利条件。

电视剧《女医·明妃传》的服饰造型比较用心。剧组想必研究了明代宫廷与民间的耳饰文化，在剧中对各个人物及人物的不同时期都做了耳饰的搭配和调整。比如太后所佩戴的灯笼形耳饰、皇后的梅花形耳饰、一般宫女的简单式样耳饰，都符合当时的礼制和实际情况。

1. 扬之水. 明代的耳环和耳坠 [J]. 收藏家，2003 年 06 期.
2. 李芽. 明代耳饰款式研究 [J]. 服饰与文化，2013 年 3 月第 1 期.

明代报喜耳饰

到了清代，满人把自己的耳饰佩戴习俗带入中原，并保留了部分汉族服饰制度，使汉族妇女、儿童、僧侣等可以着汉装，并佩戴明朝式样和风格的饰品。满族嫔妃"一耳三钳"的祖制，到了清代末期被慢慢改变和摒弃。

相比明代，清代的耳饰有继承，也有发展。第一，明代的耳饰以耳环为主，不如耳坠灵动，相对保守端庄；而耳坠在清代大肆流行，反映了审美更加趋于世俗的变化。第二，清代出现了在环脚前附加装饰物以掩住耳洞的做法，让耳饰更显精致细腻。这一制作方式开创了耳饰工艺的新局面。第三，清代耳饰造型更加复杂，纹样趋向繁缛，许多馆藏品的艺术性空前绝后。第四，清代耳饰的材质选择多样，不仅把东珠定为皇家御用珠宝，还大量使用"点翠"，用翠鸟羽毛作装饰。同时，珊瑚、琥珀、绿松石、翡翠、碧玺、玛瑙等天然宝石也得到了灵活运用。随着欧洲文化的传入，钻石、

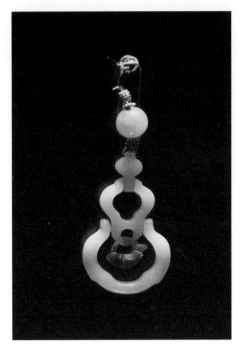

清代珐琅掐丝耳坠　　　　　　　　　　　　　清代白玉耳坠

琉璃、珐琅和其他人造宝石也出现在耳饰中。第五，清代的宝石切割与镶嵌技术受到西方影响，融汇了中西精髓，为集大成者。

跟明清两代相比，现今耳饰的地位是落后的。耳饰并非现代女性必备的饰品，在物质极大丰富的当下，耳饰设计与做工却远不及当时。这与民国时期反对女性穿耳有关。耳饰文化未能从明清延续至今，而是又遇到了一个断点。历史就是这样起起落落，在循环往复中螺旋上升。

近百年来，随着世界范围内的思想解放、女性独立与设计制造业复兴，服饰文化正在向着全新的方向蓬勃发展。中国的耳饰佩戴理念也需要跟上时代的步伐。解决了是否佩戴的问题，还要解决怎样佩戴的疑惑。

第二章

054 ～ 187

12 耳饰搭配之"道"：习惯成自然

想要从佩戴耳饰中获得灵感、健康与美丽，就要会搭配。搭配是一门很有意思的学问，从不断的研究和实践中，可以体会到创新与自信的力量。搭配有理论、有方法、有技巧，可以把多重因素、多个方面作为考虑的基点，如常被提起的脸型、发型、服装、场合等，都会对搭配产生重要影响。但这都在"术"的层面，触及核心的"道"要先植根在内心深处。对于耳饰搭配而言，最重要的是"习惯成自然"。正所谓：凡事可为，重在习惯。

有句话说"习惯决定性格，性格决定命运"。这里似乎有一种宿命论的腔调，但仔细分析起来不无道理。人的一生是由无数个决定串联起来的，环环相扣，因果顺行。每个决定的背后，是我们的思维方式与行为模式在共同作用，这就是某种性格的表现。心理学把"性格"定义为一个人对现实的稳定的态度，以及与这种态度相适应的、习惯化了的行为方式中表现出来的人格特征。我们怎么看待一个人一件事，如何反应、如何表达、如何行动，一旦形成习惯并保持一致性，就成为一种"性格"。按照这个理论，爱美不仅是天性，也是性格。当我们对美的追求成为习惯，不再为打扮感到刻意和别扭，就已经成功了一大半。

还记得之前爆红的几位老年时尚大咖：卡门·戴尔·奥利菲斯、林恩·斯莱特、冈瑟·克

不朽的名模：卡门·戴尔·奥利菲斯

佩戴耳饰是一种习惯

拉本霍夫……岁月在他们脸上留下了深深印记，而他们却把时间甩在了身后。前沿的装扮、夸张的首饰、鲜艳的色彩、大胆的搭配，无不展现出他们坚定的内心与对卓越的追求。时尚是一种自我修养。民国时期的一代名媛，用其跌宕的一生向我们演绎了什么叫"美了一辈子"。装扮自己对她们来说，就同每天吃饭睡觉一样自然。无论在什么时候、什么场合遇见，她们总是得体的、令人愉悦的。会装扮的前提是想装扮。

现在佩戴耳饰于我而言就是非常自然的事，感悟和心得都来自经验的积累。从喜欢到研究再到形成习惯，也经历了几年时间：首先发现了耳饰对自己容貌的修饰和提升，动静之间，灵动增彩；而后开始寻找好品牌、好产品，欣赏和搜集这些人类智慧与创意的结晶，研究它，认识它；最后希望把这些作品展现在众人面前——让它们躺在首饰箱里无异于暴殄天物。刚开始我也需要每天提醒自己记得佩戴耳饰，后来逐渐形成习惯，也便不用记挂着这件事了。只要发自真心地喜欢、认同、在意、坚持，就是做且做好一件事最强大的动力。

当佩戴耳饰这件事与自己融为一体，就会获得愉悦和幸福的感受。优雅是一生的事业。若持真善藏于心，岁月从不败美人。

耳饰折射优雅

脸型与耳饰

耳饰对面部的修饰作用是立竿见影的，它能直接调整脸型轮廓，也会改变视觉焦点。与脸型的搭配是选择耳饰的第一步，也是最关键的部分。

"国"字脸原来这么好看

无论什么脸型，都可以通过化妆和耳饰进行调整或修饰，让面部更加美观，让精神更加抖擞，让气质更加突出。

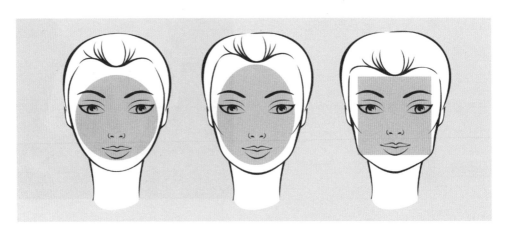

脸形从左到右：圆形、椭圆形、正方形

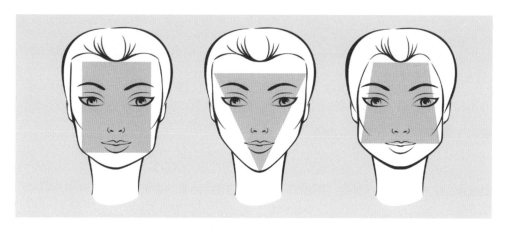

脸形从左到右：长方形、瓜子形、梨形

虽然我们都对脸型的类别有大致了解，但也不妨首先明确以下划分脸型的方法，以便为自己找到最精准的扮靓方式。通常脸型可以分为长、圆、方三大类，在此基础上，还可以细分出椭圆形、菱形、心形、倒三角形、正方形、长方形、圆形、梨形等。

美人在骨不在皮。骨相是看脸型最重要的标准。骨线也是面部轮廓最关键的要点。判断脸型主要通过几个点的关系和比例来确定。

找到脸的几个定位点：额顶、颧骨、额角、双腮、下巴。量出两颧骨间（a）、两腮间（b）、两额角间（c）、额顶到下巴间（d）的距离。

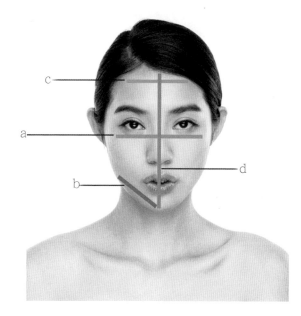

面部定位点间距示意

若 a ≈ b ≈ c ≈ d 或 d>a ≈ b ≈ c 是典型的方形脸，也称为国字脸，它包含长方形脸和正方形脸。方形脸的特征是：下巴的轮廓感强，额头、颧骨、下巴的宽度接近。

方形脸大气端庄，耐看不俗，个性鲜明，极具现代感，给人意志坚定、刚强有力、极富主见之感，我个人十分欣赏。

奥黛丽·赫本、英格丽·褒曼、凯拉·奈特莉、安吉丽娜·朱莉等都是方形脸的代表人物。不管是 20 世纪还是今天，一路走来，方形脸的美经受住了时间的检验。不论审美如何变化，经典的美人永远使人铭记和倾慕。

右：安吉丽娜·朱莉

方形脸的人大都给人"气质佳"的感觉。漂亮和有气质不能兼得的时候，你会更倾向于拥有哪一个呢？方形脸的出挑不是网红脸可以匹敌的。方形脸可塑性极强，既可以妖艳，也可以侠义。也许没人说方形脸的人美得惊艳，却大多认可她别具一格的独立、自信与洒脱。

方形脸也是公认的高级脸——不妩媚、不流俗。第一眼看上去甚至都谈不上漂亮，但越看越有味道。也只有方脸的人可以兼顾大方、端正、个性，却不至于尖刻。

对于方脸型美女来说，耳饰是必不可少的装饰。这一点要特别强调。否则他人视觉就会集中在方脸本来的棱角上，就算是明星也难免显得单调，而哪怕是一点点的点缀都能使方形脸变得光彩照人。

方形脸不适合与双腮齐平的大耳饰

长度超过下巴的耳坠更能平衡方形脸之"方"

长方形脸也适合上窄下宽、长度超过下巴的大型耳饰

方形脸美女的耳饰搭配要分正方形和长方形两种情况。正方形脸的最佳搭配是贴耳式耳钉，其中体积小巧的更佳，可以立刻增加面部的生气，且无论什么发型都可以搭配。而最忌讳的是戴上耳饰后，增加面部宽度，失去了原来的平衡。因此需要避免长度与双腮齐平的方形耳坠，否则会使脸型显得更宽。

正方形脸的下颌骨线条较为明显，可以通过佩戴弧形的耳饰中和方脸坚硬的轮廓线，增加圆润的视觉感，提升女性柔美的一面。圆环耳饰是好伙伴。但如果想要强调个性美，也不妨选取棱角分明、轮廓感强、有设计感的耳饰。

我特别推荐正方形脸的美女佩戴长度超过下巴的耳坠，上窄下宽、有存在感最好。细线形的耳坠凸显不出方形脸人的大气，反而会像一位1米8的名模穿着童装一样别扭。

长方形脸的耳饰选择更丰富，能驾驭的形态和款式更多。没有特别的禁忌，可根据需要塑造的形象来搭配。这一点同鹅蛋形脸比较相似。长方形脸兼具方形和长形的优势，虽然也需避免方形耳饰让脸显得更宽，但只要不是太夸张的设计，基本都能驾驭。

谁说只有鹅蛋脸才美？相信不久的将来，代表着大中华的"国"字脸一定会成为流行的美。让耳饰映衬出庄重的"国式"美人。

瓜子脸注意了：别忘了要修饰

在过去的 20 年里，瓜子脸似乎受到了全民追捧。无论去整形机构，还是用美颜软件，首先要做的就是把双腮缩小、下巴变尖。瓜子脸为什么让人趋之若鹜？当然是因为它够小、够媚。倒三角、心形脸都可算作瓜子脸一类，其中偏长可以叫葵花子，偏短的叫南瓜子。

判断是否瓜子脸，关键是看额、腮和下巴三个部位。按照上一节的测量方式，若 c>a>b，且下巴形态较尖，即为瓜子脸。

瓜子脸和鹅蛋脸比较类似，最大的差异在于双额和下巴。鹅蛋脸型两额角距离约等于两颧骨间的距离，即 c ≈ a，下巴圆润，更接近椭圆形。

瓜子脸形的最大优势是精巧、显瘦，给人敏锐、妩媚、美艳的感觉，富有女人味；缺点则是容易显得尖锐、刻薄，从传统相学来看，称不上福相。如果太瘦或肤色太暗淡，瓜子脸的人会带着一种"苦"感。当苹果肌不够丰满的时候，瓜子脸型比其他人更易显老。所以，瓜子脸美女要多注意保养，还需借助耳饰把腮部和下巴丰富起来，扬长避短。

如果是葵花子脸型，应该首选长度与下巴齐平，上窄下宽或有一定宽度的耳饰。不惧"大"，是瓜子脸型美女佩戴耳饰的福利。可以选择很多夸张的造型，而且不惧增加腮部的宽度。反而是线形的耳饰、长度超过下巴或上宽下窄的耳饰需要避免，因为那样会显得脸更长更窄，下巴更尖，难免给人尖锐苛刻的感觉。

南瓜子脸型就更容易搭配了，哪怕是长于下巴的耳饰也是可以选择的，但单一线形的耳饰仍然不推荐，只能说勉强可戴。大型的贴耳式耳钉、三角形耳坠、垂吊型耳坠都是首选——重点依然是增加下巴部位的整体视觉。

在不少影视作品里，瓜子脸的霸道女总裁往往锐利张扬。而现实生活中的我们，都不希望给他人留下过于严厉和自我的印象。这时候戴上合适的耳饰，锋利感就会大大减弱，而给人以更加亲和温婉的形象。这就是瓜子脸在寻求平衡时所需要的"换颜术"。

天生瓜子脸，让很多女人羡慕。需要做

瓜子脸佩戴耳饰着重丰富腮部、下巴

长度超过下巴的直线形耳饰会增加瓜子脸的尖锐感

长度超过下巴的垂吊形耳坠更适合瓜子脸

的是通过修饰让它美得更均衡。凡事过犹不及，这是中国讲究的中庸之道。

新时代"大唐美人"的美丽秘诀

2020 年伊始，一场疫情防控战让这个春节变得特殊而难忘。前方，是与病毒坚强搏斗的医护人员和病患；后方，有时刻被牵动的亿万颗心和无数双援助的手。"万众一心，众志成城"绝非一句口号，而是回响在所有中国人心底的呐喊。

在这个不寻常的假期里，宅家的人们过起了难得的小日子，享受与家人全天候不分离的时光。幽默感是人类文化的瑰宝，众多自嘲的美女们号称疫情之后要变身"玉环"——因为缺少能量消耗的日子，大家纷纷发福成了唐代美人。

既然盛唐的繁华让世人膜拜，何不欣然接受，再掀一股"唐风"？其实每种脸型都有自己的特点，可以说优劣参半。在讲究个性和多样性的今天，瓜子脸不再是唯一的标准。而耳饰能让圆润的脸庞更加出众。

提到圆脸，你脑海中是不是也会出现"可爱、年轻、饱满"等形容词呢？如果你对屏幕前千篇一律的"V"字脸产生了审美疲劳，不妨欣赏一下更有辨识度且更加耐老的圆脸姑娘。

当代中国的圆脸美人很多。她们有着青春活泼的女孩气与讨喜的亲和感，漂亮中带点俏皮，俏皮中又带点妩媚。年龄对她们而言只是数字，即便年过30，也仍拥有少女感。圆脸妹子经常让人觉得聪明伶俐和古灵精怪。我想，圆脸自带"萌"的特点，很难让人讨厌起来。

圆脸姑娘面若满月，线条圆润。充盈的胶原蛋白与柔和的五官使他们天生不具攻击性。或许圆脸人的笑是自带善意和吸引力的。欧美明星中也不乏圆脸美人：米兰达·可儿（Miranda-

圆脸姑娘给人可爱朝气的印象

欧美圆脸美人代表：米兰达·可儿

色彩亮丽的小型耳饰非常适合圆脸美人

Kerr）、赛琳娜·戈麦斯（Selena Gomez）等。她们的共同特点就是充满年轻气息。圆脸是最直接的减龄神器。

给圆脸美人锦上添花的耳饰，可以分为两类：一是色彩亮丽的小型耳饰，二是长度超过下巴的耳坠。

小型耳饰是脸庞的点睛之笔，不会给脸型带来太大改变，既不会增加其脸的宽度，也不会增加其长度。但耳饰的色彩却能提亮面部，达到吸睛的作用。这里的"小"是相对于体积较大的贴耳式耳饰而言，因为大体积的耳饰会在视觉上加宽面部轮廓，让圆脸失去完美弧线，反而画蛇添足。但也不能过于袖珍而失去了存在感。所以，宽度在 1 厘米左右的耳饰是几乎全适用的。同时，亮度更高或色彩更强的优先。

另一个不错之选是长耳坠。它对圆脸有拉长的效果，从而能收窄面部轮廓。且耳坠摇摆的灵动感，会增加佩戴者的生气与活力。单链、流苏式、水滴形、棱角大的耳坠就非常适合圆脸美人。这种耳饰的长度要超过下巴，且总体形态要是直线型或上窄下宽，否则会让人把耳饰的部分看作脸的轮廓线，反而在视觉上加宽面部轮廓。长形耳饰主要以形态取胜，对彩色的宽容度很高，可以根据喜好选择。

而对圆脸美女来说，灾难性的选择莫过于圆环型耳饰。尤其是大圆环，无疑会造成圆上加圆的效果。

长耳坠收窄面部轮廓

圆形耳饰最不适合圆脸

大脸猫的耳饰搭配全攻略

你和上镜的小"V"脸之间只差一个耳饰。

关于"脸大怎么搭配"的问题，是很多朋友的苦恼。尤其对梨形脸来说，如何让脸型看起来更小巧，是个值得探究的问题。

大方脸选择大型圆形耳饰

其实无论大小，对同一种脸型而言，搭配的思路和方法都是一致的。即使我们没能拥有明星般的精美五官，但对脸型的修饰需求并无不同。

上镜后的明星和现实中的我们，视觉上的脸盘大小并无太多差异，因为她们的脸已经被镜头放大了一圈。并非长得漂亮就可以任意穿搭，根据脸型搭配耳饰的方法是可以通用的。我们也可以借鉴和参考明星们成功的搭配案例。

适合的耳饰会使人在形象和气质方面提升和改变良多，这也是我倡导耳饰不可或缺的原因。变美这个事情并没有太高深的学问，分解到三步即可。第一步：认识自己；第二步：入手适合自己的耳饰；第三步：大胆佩戴、活出自我。

大小是相对而言的。通过选择更大的耳饰可以衬托脸小。例如，对面积较大的方形脸，选择体积较大的竖条形耳坠会更有气质。加强饰品的存在感，弱化面部的体积感。因此，识别出自己的脸型，就可以选择样式、色彩和大小恰当的耳饰了。

有一类脸型被称为梨形脸：上窄下宽，也类似三角形脸。两腮距离略大于两颊和两颧骨距离的脸型，往往下巴也较宽。其与方形脸比较大的区别在于额头——梨形脸的额头较窄。客观来说，这种脸型是比较容易显大的，需要进行修饰和调整。而梨形脸的优势是会给人踏实、厚道、忠诚之感。

从面相学来说，梨形脸的女人比较好运，事业心和工作能力都强，运旺且年少有成，自身与丈夫的健康运都不错。可以首先通过内收的长发来遮挡颧骨，一方面改善脸型，一方面弱化强势的性格。

詹妮弗·安妮斯顿这位美女，相信大家都不陌生，她因演出《老友记》走红，并曾获金球奖、艾美奖、美国演员工会奖、吉冯尼电影节终身成就奖等诸多奖项。这位有着梨形脸的演员连续 16 年获选"全球最性感女人"，并登顶福布斯全球最具权势名人榜。在福布斯榜单上，她在 2019 年全球收入最高女演员中位列第五。

或许你很难相信梨形脸的魅力，但它就是这样存在。强大气场是梨形脸天然具备的。谁说大脸就不美？

为了让梨形脸更加出众，耳饰必须充当开路先锋。要做的事很简单：中和平衡，调整视觉的上下宽度感受。

与瓜子脸正相反，梨形脸需要上宽下窄的耳饰，耳夹的效果不如耳坠。如果选择耳钉，体积偏小更佳；如选择耳坠，体积要较大，达到分散焦点的作用。忌选上窄下宽的耳饰。

面部骨线虽然不可变，但随着胖瘦的变化，也能在一定程度上"变脸"。我本人从胖到瘦的过程，就实现了从小圆脸瘦成瓜子脸，其美颜效果胜似整容。

如果希望拥有更小更精致的脸，不妨试试瘦身＋耳饰，一定会有惊人的效果。无论瘦身之路有多长，戴上耳饰却只需几秒。

欧美梨形脸美人代表：詹妮弗·安妮斯顿

小体积耳饰给梨形脸带来一抹亮色

上宽下窄的大型耳坠能够收缩梨形脸

色彩与耳饰

颜色是人的眼睛和大脑对光波产生的视觉经验，能够唤起人们的某种情绪体验或产生某种心理联想。耳饰的颜色会直接作用于视觉和感受中。认识色彩，运用色彩，是搭配必备的技巧。本章将运用色彩心理学[1]的知识讲讲如何选择耳饰的颜色。

耳畔风景火红生活

中国人讲究在过新年时穿戴红色，以振奋精神，祝愿来年拥有更美好的生活。这里面有多重科学和文化的缘由。红色在中国是极其特殊的，它不仅是一种色彩，更是一种象征。当代中国有着历史沉淀出的"红色基因"与"红色文化"，无不让这个颜色具有更多的内涵和深意。

作为可见光谱中波长最长的颜色，红色对人类视网膜造成的刺激较大，可以用"引人注目"四个字来形容。所以红色服饰往往容易被发现，并给人留下深刻印象。想要打造亮眼效果，首选添加一抹红。在文化层面，中西方对红色的认识和理解是不同的[2]，这里主要论中国人。研究表明，中国人认为红色让人感到温暖、兴奋、热情、

---

1. 孙孝华, 多萝西·孙 [英]. 色彩心理学 [M]. 上海三联书店, 2017 年.
2. 赵乃萱. 浅析"红色"在中国文化中的特殊性 [J]. 哲学文史研究, 2016 年第 8 期.

红色耳饰映衬喜庆气氛

活跃和激动，红色代表着喜庆、喜悦、热情、幸福和鲜艳[1]。

对红色的情愫，起源于祖先对太阳和火的崇拜。太阳被视为神，火是聚阳之物，可以驱除阴邪，消灾免难。红色作为太阳和火的颜色，也被赋予了相同的意义，并被大量使用[2]。于是，人们从对日、火的原始崇拜中引申出对日色、火色的敬畏，红色由此在中国人心中有了重要的地位。在山顶洞人墓穴的考古遗址中，曾发现人骨周围散布有赤铁矿粉末及红色随葬品，说明红色在那时就被赋予了特殊的意义[3]。

后来红色成为"尊贵"的代名词。《礼记》记载："夏后氏尚黑，殷人尚白，周人尚赤。"西周时期，红代表了至高无上的权威性，是统治阶级专属的颜色，色彩至此有了阶级性。当时周朝的宫室地面全被涂上红色的颜料，称为"丹地"，这也是"红毯"的雏形。唐朝时期，皇室对红色的喜爱更显示出了"中国红"专属皇家的尊荣。律法规定只有皇宫才可以使用红色，无论是建筑还是家具，全都以红色为主调，由此奠定了红色作为中国历史上最尊贵颜色之一的地位[4]。今天，在各大重要活动中，红色仍是很重要的颜色，例如红色座椅、红色领带等，那隐隐透出的庄重感与威严感，映衬着参与人的身份地位以及场合的重要性。

1.李理，胡杏子.90 后大学生对红色的情绪体验与心理联想探析 [J].亚太教育，2016 年 28 期.
2.赵乃萱.浅析"红色"在中国文化中的特殊性 [J].哲学文史研究，2016 年第 8 期.
3.郭东.中国人尚红的原因探析 [J].美与时代（下），2018 年 06 期.
4.李双双."中国红"的文化传播研究 [D].长沙：中南大学，2013 年.

红色耳饰提升气色与气场

我并不推荐穿着全红的服装，因为大面积的红色并非所有人都能驾驭，也不是任何场合都十分适宜。著名色彩研究所PANTONE的执行总裁——色彩大师莱丽斯·伊丝蔓说，红色是一种容易穿出俗气感的颜色。是的，由于红色冲击力强，大面积的红色容易给视觉带来疲劳感，同时会在面部形成补色效果。红色的补色是青色，穿红衣服容易显黑，就是这个道理。在没有十足把握的前提下，可以从小面积用红色开始尝试。佩戴红色耳饰，让耳畔的红色点缀承载我们的个性、心情以及期待，让每天充满阳光与希望，不也是一种很好的选择吗？

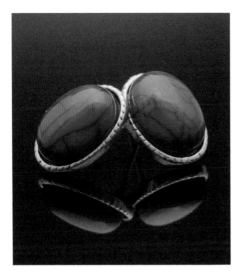

贴耳式红色耳钉

红色流苏耳环

按照我的经验，红色耳饰是必备款。无论搭配什么颜色的服装，都能完美融合。就连穿着纯绿色的衣服，都能制造出"万绿丛中一点红"的效果。首饰箱中，应该配有几副红色耳饰，分别在职场、日常和活动中佩戴。可以从款式（长短）、材质以及色调上区分。

精致的红色耳珠、耳钉，适合需要低调和朴素的场合。红色与生俱来的强烈存在感，能够点亮面部的色彩，给冬日带来一缕暖意。

中型或中长的红色耳坠适用面最广，更显灵动又不觉夸张，几乎能与各种脸型配合，修饰与装饰作用俱佳。无论在工作中还是休闲时，都可以佩戴。

较长或较大的红色耳坠，因其巨大的吸睛能力和强大气场，适合在聚会、晚宴和年会等活动中出现，彰显女王气质，成为人群焦点。当然，佩戴这样的耳饰也能使你成为街头最靓丽的风景。

大型红色耳饰吸睛十足

准备一副带着热情、喜悦、祝福和幸运的红色耳饰吧，很多时候都能派上用场。

最百搭的耳饰：白色系

如果红色耳饰是必备款，那么白色耳饰就是百搭款。白色是一种包含光谱中所有颜色光的颜色，并无色相。光谱中红、蓝、绿光按一定比例混合可以得到白光，所有可见光的混合也是白光。这就是白色包容性相当强的原因，易与其他色彩相配而没有违和感。白色也是现代感最强的颜色之一。因此佩戴白色耳饰，也可以与任何颜色的皮肤、发色和服装完美融合，是绝对的百搭之选。

也许你会问，如果皮肤偏黑，白色耳饰会不会显得太突出或者脸更黑呢？完全不用

白色耳饰令人清新灵动

白色耳饰使亚洲人的肤色显得更为白皙

担心。因为白色本身具有提亮作用，佩戴白色耳饰，反而能增强面部周边的光亮感。不同发色搭配白色耳饰的效果是不同的。中国人戴白色耳饰会与黑发形成强烈对比，更加引人注目，也更能体现白色耳饰简洁明快的特点，起到更好的装点作用。

通常人们认为白色代表干净、纯洁和雅致。无论在休闲还是商务场合，白色都是恰当的选择。商业设计中，白色象征高级和科技感。走进"苹果"商店，扑面而来的都是白色营造的前沿气息。不仅如此，白色在西方也有"贵族色"之说。在着装礼仪中，最高规格的着装要求叫作"White Tie"，通常正式的国会活动或最高规格的盛典才会这样要求。男士一定要穿白色衬衫、白色马甲，佩戴白色领结；女性则穿上一袭白裙，显得更加隆重。美国总统要搬进白宫（White House），在英国王室的活动中，伊丽莎白二世和凯特·米德尔顿等也大多会选择穿白色。因为白色有一种不染凡尘、不食人间烟火的高贵感。佩戴白色耳饰也会有这样的"贵气"效果。

纯净的白色耳饰是婚礼造型中的经典单品

白色花朵耳饰营造清爽夏日氛围

在西藏，人们最喜爱和崇拜的颜色也是白色。白色的雪、白色的山、白色的寺，白色的奶、白色的酒、白色的羊……是当地人们赖以生存的环境和物质基础。西藏地区的人们离不开白色，穿藏族服装多配以白色衬衫，搭的帐篷也以白色居多，住的房屋门上都有白色的吉祥图案，经幡、佛塔也大都是白色的；迎送往来时，互敬白色的哈达；姑娘出嫁时，骑着白色的马；把酒言欢时，酒壶上挂着白色羊毛；家人去世时，用白色糌粑勾画出引导逝者通向极乐世界的路。白色也是正义、善良、高尚、纯洁、吉祥、喜庆的象征。因此，去西藏时，不妨佩戴白色的耳饰，不仅美观，也是尊重当地民俗的一种表现。

白色耳饰的百搭效果还体现在适用于各个季节上：春天充满活力，夏天带来清凉，秋天显得耀眼，冬天全然应景。若选一个能够适应各个时节、各类场合、各种条件、各样环境、各种文化的颜色，非白色莫属。

绿色耳饰的勃勃生机

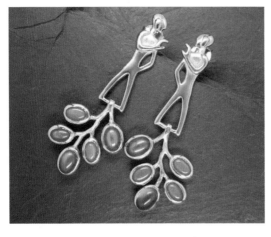

自带自然纯粹调性的绿宝石耳环

每当惊蛰之后，春天就快步来临了。我爱绿柳成荫、繁花似锦、生机盎然的时节，因为它总能让我们抖擞精神、意气风发、胸怀希冀。李白说"云想衣裳花想容"，我说"女爱红妆爱衣装"，谁都愿意为世界增添一抹靓丽。"日出江花红胜火，春来江水绿如蓝。"这就是春天的主色——绿。

绿色在可视光部分中属中波长，是大自然中最常见的颜色之一。绿色是草木之色，象征生命、健康、生机、希望，在实际应用中还引申有安全、平静、舒适、和平、自然、环保、青春、放松等意义。

2018 年的一项研究表明，人们待在绿色空间中能有效改善心理健康状况。绿色空间能够减少人们的压力和被忽视感。在实验中，绿色地区居民的抑郁感减少了 41%，被忽视感减少了 51%[1]。

色彩心理学研究发现，绿色、蓝色等冷色调场给人镇静、收缩、遥远的感觉。在项关于道路色彩的调查中，不同职业、年龄和性别的人群都希望在公路上加入绿色，他们一致认为绿色具有舒适和缓解疲劳的作用。

---

1. 绿色空间助益心理健康. 参考消息 [N].2018 年 7 月 31 日.

柔和的绿色耳饰自带治愈感　　　　　　　　简约的绿色耳钉提升干练气质

我们的情绪和色觉都受右脑控制，二者是相互关联的。不少朋友爱养植物花卉，因为看着这些花花草草能感到愉悦和平静。而不同颜色的植物对人们生理和心理产生的影响确是不同的。实验结果表明，绿色对神经系统具有镇静与镇痛的双重效果，可以缓解精神上的紧张与肉体上的疼痛，能降低血压，减慢呼吸，缓解眼睛疲劳[1]。绿色植物对紧张、慌乱、愤怒、疲劳和抑郁等负向情绪有显著恢复作用，且比其他颜色的植物效果更佳[2]。

传说英国泰晤士河上原来有座黑色大铁桥，一些患抑郁症的人经常在此自杀。后来铁桥被改为绿色，唤起了人们对生命的珍视，前往自杀的人数也大大减少。现在主打绿植装饰的场所愈发受到欢迎，尤其成为时尚青年心中的打卡圣地。人们前去并不仅是为了拍照，更是为了找到置身自然并与自然融为一体的舒适感受。

1. 于秋然. 浅谈色彩心理学在手术室工作中的运用 [J]. 中国中医药咨询，2011 年第 3 期.
2. 高娜. 室内植物色彩对人类心理影响的研究 [D]. 长沙：湖南师范大学，2013 年.

绿宝石耳饰增添华贵气质

绿色代表生机勃发，却又让人宁静而轻松。如果想要佩戴一款能让人振奋精神而又心绪平和的耳饰，绿色是智慧之选。在工作场合，绿色不但可以展现自身的良好状态，也能让周围的同事感到舒适。如果有重要谈判，不妨佩戴上一副绿色耳饰，让紧张的心情和氛围有所缓解。在下班后的约会场景，绿色的耳饰能牢牢吸引另一半的目光，让他在赏心悦目的同时缓解疲劳。

绿色也充满"贵气"。翡翠、祖母绿等价值不菲的宝石都以其深邃的绿色征服了女士们的心，而用这两种材质制作的耳饰也是绿色耳饰中最常见的。

绿色流苏耳饰使整体搭配更具活力

在忙碌的现代生活中，别忘了时常用神奇的绿色耳饰装扮出最健康、最清新的自己。

蓝色耳饰的纯净与幸福

当湛蓝的天空和蔚蓝的大海映入眼帘时，你是否顿感豁然开朗？居住在蓝色星球上的我们，与蓝密不可分。生命的起源在大海，一世的向往在天空。蓝，意味着初心与自由。

蓝色十分特别，随着深浅的变化，可以给人带来截然不同的感受。较深的蓝会带来理性、稳重的感受，而较浅的蓝则让人觉得清新、安静。由于蓝是一种冷色调，在某些情境中，蓝色也代指忧郁。

通常可以把蓝色分为天蓝、湖蓝、宝蓝和深蓝几类。天蓝干净清透，令人感到清爽放松。湖蓝较为深邃静谧，会让人感到安静。宝蓝纯正靓丽，是高贵的代名词，欧洲贵族女性非常喜欢以它展现身份的尊贵。而深蓝充满沉着之气，很多工服与西装都以深蓝为主色，正是希望借此赢得客户和他人的信任。

英国有一项心理学实验论证了蓝色对我们的影响。研究人员让志愿者置身于各类颜色的灯光中完成一项测试。结果发现置身于蓝色中的志愿者完成测试的速度提高了

渐变蓝色花朵耳饰

明净的宝蓝色耳环凸显优雅俏丽

天蓝色民族风串珠耳饰　　　　　　　　　湖蓝色蜂鸟耳坠

25%，反应时间提高了12%，手眼协调和回想单词的能力也有所改善。而根据实验中对志愿者大脑活动、心率和排汗情况的记录看，蓝色有助于他们保持平和[1]。

按照这个结论，蓝色既是"智慧色"，也是"安抚色"。我建议学校和办公室都把墙面涂成蓝色，以提高学习与工作效率。心情沮丧时不妨看看蓝色，戴上属于你的那一抹蓝，有利于改善和恢复情绪。

蓝色在欧洲代表高贵，欧洲的贵族往往被称为"蓝血"。这一说法起源于西班牙王室。他们的祖先是西哥特人，贵族从来没有和来自非洲的摩尔人混血过。他们肤白如雪，从皮肤上可以十分清晰地看到蓝色的静脉血管，这与皮肤黝黑的普通百姓截然不同。因此，西班牙贵族骄傲地自称为"蓝血"，认为自己的血统最为纯正高贵。

我最爱的蓝，是几乎让所有女性为之倾倒的"蒂芙尼蓝"，它源于知更鸟蛋蓝(Robin's egg blue)，却较之更清爽、更素雅。

1. 蓝色能让人变得更自信 [J]. 科幻大王，2009 年第 3 期 .

知更鸟蛋蓝耳坠：展现柔美韵致　　　　　　海蓝宝钻石耳饰

在西方，知更鸟象征着幸福美满，知更鸟蛋蓝也成为人们心中最能象征幸福的颜色。蒂芙尼选用这种蓝色作为自己的标准色，以彰显品牌"传递幸福"的理念。现在蒂芙尼蓝已经注册为国际通用标准色卡，色号1837。这个数字也是蒂芙尼成立的年份。与之相近的知更鸟蛋蓝已经成为时尚宠儿，不但用于服装、包袋、鞋履等各类用品，也在婚礼上广受欢迎。

知更鸟蛋蓝的耳饰可以用美不胜收来形容。看到这个颜色，会让人感到沁人心脾的纯净、安详与幸福。

还有两种宝石的蓝色也能让观者找到内心的平和，那就是海蓝宝与托帕石。它们的蓝与天空、海水一般，容易让人联想到生命、希望和高远。如果只能拥有一款蓝色耳饰，建议首选这个颜色，因为它不仅有舒适的观感和积极的意义，也更容易搭配服装和其他配饰。海蓝宝也是英国王室最喜欢的宝石，伊丽莎白女王和戴安娜王妃都曾多次佩戴海蓝宝耳饰。

炎热的夏天，用天蓝色耳饰营造一抹清新和凉意吧。

要活力就选黄色耳饰

黄色的耀眼是公认的。在一群人中，我们总会最先注意到身着黄色的那些人。鲜亮、明快、活泼、希望，黄色能给人带来沐浴在阳光中的感受，如同向日葵那般充满生命力。

黄色耳饰带有奇妙的视觉冲击感

中华民族历来有崇尚黄色的传统。我们是"黄种人"，自称"炎黄子孙"，生活在"黄土地"之上，依恋"黄河"母亲，把好日子称作"黄道吉日"，还给象征国家灵魂的图腾"龙"赋予了黄色的外表。

从隋朝开始，帝王的服装就以黄为专属色。"黄袍加身"指上位称王；"黄榜"专指皇帝的诏书；而皇宫的城墙、建筑以及皇帝用的陶瓷器具也都以黄色为主要的装饰色[1]。《野客丛书·禁用黄》中记载："唐高祖武德初，用隋制，天子常用黄袍，遂禁士庶不得服。而服黄有禁自此始。"从李渊开始，朝廷就禁止平民着黄袍。到了清朝，"尚黄"思潮更上一层楼，如八旗之中的上三旗即分别为正黄、镶黄、正白。此外，规定了皇帝使用明黄（淡黄色），皇室使用杏黄，而老百姓则根本不能接触黄色。[2]

1.富丽.尊贵的"黄"色 [J].月读，2018 年 04 期.
2.赵世琰.服饰与皇权：基于清代宫廷服饰的研究 [D].天津：天津科技大学，2016 年.

黄色系搭配尽显女性张扬气质

为什么古代的中国人尤其偏爱黄色？我想有两方面原因。一是按照五行学说，黄是土元素对应的颜色。土地象征着统治、权力和资源，黄色也就被附加了高贵难求的意义。二是黄色本身与生俱来的优势。它天生醒目，能使人出挑于众。穿着黄色服装、手挎黄色皮包、佩戴黄色耳饰，都是让人更加夺目的扮靓方法。

黄色耳饰可以让人感受到洋溢出来的热情

黄色的波长容易被人眼识别，要想成功引起他人关注，塑造富有青春活力的形象，可以大胆使用黄色。色彩心理学研究发现，喜欢黄色的人思维跳跃、有上进心，热爱新鲜事物，想法独树一帜，行动力和执行力高强。同时，喜欢黄色的人也容易有依赖心理，像孩子一样活泼、精力无限。

色彩治疗师在面对消化器官的生理不适和出现敏感性皮肤炎的个案时，通常会选用黄色光束来照射治疗[1]。

1. 马璁珑，王柳，赵艳东. 基于色彩心理学的老年药品包装设计策略研究 [J]. 包装工程，2020 年.

简约的白色和高明度的黄色，使造型干净明亮

黄色耳饰能使黑色穿搭瞬间活泼起来

近几年流行的性格色彩学[1]很有趣。它将人的性格分为四大类，分别用不同颜色表示。其中，黄色性格的人多半具有天资聪颖、反应敏捷、头脑清晰、喜欢分析研究以及注意力超级集中的人格特质。不仅如此，他们还懂得应变、极具灵活性，并热爱所有的新生事物。而这与脉轮学说中黄色与太阳神经丛的对应关系一致，因为太阳神经丛就是代表直觉与聪慧的神经丛。

黄色与白色是最佳搭配，不论是黄色服装配白色耳饰，还是白色服装配黄色耳饰，都会呈现干净靓丽之感。佩戴黄色耳饰时，想要让它特别吸引眼球，可以运用对比的方式。例如穿着黑色或深蓝色服装，辅以黑色头发，都会让黄色耳饰更加醒目。

如要想将黄色耳饰与服装融为一体，除了可以穿着黄色服装，还可以选择红色或绿

1. 乐嘉 . 色眼识人 [M]. 文汇出版社，2006 年 .

黄色宝石耳钉

色服装。因为黄色由红色和绿色混合产生，与这两个颜色有天然的相合状态。

黄色耳饰不宜过大，否则会有特别突兀之感。除了在某些需要夸张的场合之外，黄色耳饰更适合一些保守的款式。

"一年好景君须记，正是橙黄橘绿时。"苏轼在他的这首诗里，用黄色勾画了一个让人奋发的情境。当我们想要抖擞精神时不妨戴上黄色耳饰，一定立刻呈现满满的精力和活力。

金色耳饰映衬灿烂金秋

我们惯称秋季为"金秋"，不仅因为秋天满是金灿灿的麦穗和树叶，还因为在中国传统文化中，用五行"金"代表秋季。同时，秋天也象征收获的喜悦和幸福，像金子一般珍贵喜人。

初秋的衣着一般保持夏末的形态，通常是多彩的单衣和裙装。但可以通过饰品的搭配体现秋天的特色。最简单的，就是从色彩入手。选择金色的耳饰，可以百搭所有服装。

金色雕花耳坠

金色的基调是黄色，但因为有金属质感，呈现出表面光滑甚至是镜面的效果。金色被广泛运用于需要表现富贵、华丽和辉煌的场景。很多皇家和王室都在室内装潢中大量运用金色，或整体用金色，或以金色镶边，尽显财富与尊贵。

金色耳环彰显雍容华贵之感

金色的神奇之处在于其温暖、光明和闪耀的特性可以让其他颜色显得成熟和饱满。但全金色服装不是所有人都能驾驭的，尤其对黄种人来说，大面积穿着金色会显得肤色发黑，或有"土豪"之嫌。用金色耳饰点缀则巧妙地规避了这个问题，还能最大程度发挥金色的优势。

搭配白色服装时，金色耳饰让人眼前一亮，纯净中透出沉稳和温暖；搭配黑色服装时，金色耳饰则会加强高贵感和品质感；搭配灰色服装时，金色耳饰将降低沉闷生硬感，

亚洲人可以完美驾驭金耳环

宝石与金饰相搭，高贵又迷人

超大的金属圆耳环颇为醒目亮眼

璀璨金色为造型增光添色

使灰色的高贵典雅得以凸显；搭配粉色服装时，金色耳饰可中和甜腻气味，提升华美气质；搭配红色服装时，金色耳饰能把奢华感提升到最高点；搭配绿色服装时，金色耳饰可呈现奢华小清新的气息，让你具有欧式贵族范儿。

金色是秋天耳饰的首选，能让你摆脱深秋的萧瑟，增添一抹生机和活力。

爱上耳边那一抹紫

在中国的天相学中，有一颗代表帝王的星辰名叫"紫微"。帝王星之所以被称为"紫微"，故宫也称"紫禁城"，都源于紫色的极致尊贵。紫色是比黄色更能象征权力和高贵的颜色，尤其在西方，人们对紫色的仰慕由来已久。

3000多年前人们发现了一种能够分泌紫色黏液的蜗牛，6000只蜗牛可以产出1克紫色染料。这样稀有的颜色自然专供最高权力者使用。后来也通过骨螺提取紫色元素，然而1万只骨螺也才产出1克染料。如此珍贵的紫色是普通百姓可望而不可即的，只能被用在极少数统治者和贵族的衣物上。传说有一位罗马国王不允许妻子使用紫色披肩，原因是紫色披肩的价格是同等重量金子的3倍，足见其非常难得。在伊丽莎白一世颁布的法律中，就有禁止官员穿紫色衣物的规定，只有王室、宗教、大贵族才有资格享有[1]。拜占庭时期，被封为"紫衣贵族"的人极其尊贵，这个称号只被授予部分帝王子女[2]。

有一段关于紫色的故事发生在埃及艳后和凯撒大帝之间。传说古埃及人认为紫色与神灵密切相关，因为每当神显灵时，都会头顶紫色光环。埃及艳后很喜欢这种紫色，

1. 局座召忠. 为什么世界各国国旗几乎没有紫色？百度网，2019年3月.
2. 马峰. 1~6世纪罗马：拜占庭帝国皇位继承主导权问题研究 [J]. 西北大学学报，2017年06期.

紫水晶耳坠

深紫色耳饰更显成熟神秘气息

做了一个同色头箍送给凯撒大帝，并在头箍上写上了她和凯撒的名字。凯撒在恋上艳后的同时也爱上了这种色彩，并规定从此以后，紫色为罗马皇室的专用色。

在古代东方，人们通过一系列工艺掌握了从紫草中提取紫色素的方法，得到了紫色染料。但这种方法工艺复杂，很难大批量生产，所以在东方紫色也是十分昂贵的。直到1856年，一位叫威廉的

药剂师意外发现了苯胺紫的染色功能，才出现了可以规模化生产的紫色染料[1]，紫色终于走下神坛。

可见紫色的贵气并不仅是一种象征和心理感受，而是与生俱来。在今天，紫色的生产难度虽已与其他颜色无异，但其基因中自带的高贵气质仍然存在。

紫色不仅显贵，也是最具神秘感与浪漫感的颜色。紫色由红色和蓝色混合而来。

1. 局座召忠.为什么世界各国国旗几乎没有紫色? 百度网，2019年3月.

紫色流苏耳饰灵动而富有层次感 　　　　　　　　　紫水晶耳饰

红色代表热情，蓝色代表冷静，那么水火交融出的紫，自然具有两面性、多变性。增一分会神秘，减一分则浪漫，不同明暗度的紫色能带来不同的视觉和心理感受。

很多时候，我们会把紫色跟梦幻联系在一起。有研究表明，女性多穿戴薰衣草色或紫丁香等浅紫色服饰，可以促进荷尔蒙分泌，增加女性魅力[1]。但对于黄色皮肤的中国人来说，大面积穿着紫色

是一个巨大挑战，因为紫的补色是黄，紫色上衣会容易在周围形成补色效应，显得面部发黄。最好把紫色作为点缀，用于围巾、耳饰、项链等作画龙点睛之笔，这样既有高贵或浪漫的气息，又可以避免脸黄的尴尬。

紫色耳饰与白色服装搭配，是种出挑而不出错的选择，能为白色添加一点成熟和贵气；与黑色搭配，则显中性帅气，能凸显整体的稳重感和神秘感；与同色

1. 原田玲仁. 每天懂一点色彩心理学 [M]. 郭勇，译. 西安：陕西师范大学出版社，2009 年.

低饱和度的紫色耳饰展现别样魅力

服装搭配，和谐统一，相得益彰，可让紫色的气质展现得淋漓尽致；与黄色服装搭配，可把撞色效果发挥到极致，且中和了黄色的活泼，呈现出优雅感。

在材质方面，紫水晶耳饰是首选，这种材质会使紫色耳饰的气质浓烈而自然，且光芒闪耀。

紫色相对其他颜色是比较稀少的，并不十分常见，在人群中有很强的吸睛作用。想要与众不同就尝试紫色耳饰吧，让这抹色彩充分表达你的性情与追寻。

黑色耳饰，严肃、高冷或酷炫

在适用于多种场合和各类穿搭方面，黑色跟白色有异曲同工之妙。除了婚礼庆典中的新娘不太会选择黑色礼服外，几乎所有人在各种场合都可以穿戴黑色服饰。因此黑色在衣柜中出现的频率很高。

饰品却不然。黑色饰品相对其他颜色的饰品是比较少见的，主要原因是黑色宝石种类稀少，可选择范围小，且黑色饰品气场特殊，用不好就会显得过于严肃或老气。佩戴黑色饰品需要很强的驾驭能力。

黑色是缺少光或吸收了所有可见光后在我们眼中产生的感觉。黑色是孤独的，也是强大的。

黑色耳饰加持气场

黑色耳饰能衬托出肤色深的人的独特美感

黑色耳钉酷劲十足　　　　　　　　　　黑色耳饰营造干练职场风格

太阳带给地球的光和热是人类赖以生存的最基本条件。在没有光的世界，生物无法持续存活，而生活在漆黑暗淡的环境中，人也容易失去希望。

黑白都是百搭色，不同之处在于黑色具有很强的力量感。大面积使用黑色，如全身着黑色服装，会显得沉重、权威、严肃，不似白色一般让人容易亲近。即使黑色礼服用于很多宴会场合，也会在款式、造型和搭配上进行变化，以减少色彩本身带来的压迫感与视觉疲劳。

对于肤色偏白的人而言，黑色会衬托出面部肤质的细腻光泽，更显白皙；对于肤色较暗的人来说，穿着黑色也是没有压力的，不会显得皮肤更黑，反而能自然融合和过渡。因此，黑色的耳饰适合所有肤色的人佩戴。

黑色具有多面特性，在不同场景使用有着不同的意义。在商务场合，黑色塑造沉稳、低调、专业的形象；在宴会和活动场合，黑色营造庄重、高冷、华贵的气场；在运动和休闲场合，黑色表现帅气、酷炫、神秘的状态。

黑色尖晶石耳环

黑色流苏耳环古典而神秘

根据黑色百搭的原理，黑色耳饰可以搭配任何颜色的服装，尤其是白色、红色和黄色，可以最大程度产生撞色的效果，协调服装本来的气质。黑色耳饰也可以在任何场合露面，选择适合的耳饰形态，可以塑造该场合所需的形象。如上班族可以选择贴耳式的黑色耳饰，搭配白色衬衫、黑西服套装与黑色皮鞋，既能为最常见的职业穿着增添面部亮色，又不突破黑白组合的套路，相对于白色耳饰更具权威感。可以说，黑色耳饰在商务场合配饰中占有很重要的地位。

在其他场合用黑色耳饰则可以选择形态上更夸张、设计上更大胆、款式上更创新的单品。如几何形、长线型。也可以与钻石、水晶等结合，或辅以金银色点缀，反衬闪耀质地，增加整体亮度，让耳边的风景忽明忽暗，好不神秘。

佩戴黑色耳饰最大的秘诀是束发，或把头发固定在耳后，让黑色耳饰不被发色淹没，更添个性感。如果你的首饰箱还缺少一副黑色耳饰，就尽早准备起来吧。

性格与耳饰

耳饰的选择不仅是为了美丽，更是自我认知和风格的表达。根据性格佩戴耳饰，让个性得以抒发，是我十分推荐的方法。本章运用"九型人格"[1]理论，为不同个性的你提供耳饰搭配建议。

你是什么类型的人

美国心理学家海伦·帕尔默在他所著的《九型人格》一书中提出，按照人们的思维、情绪和行为，人类可分为九种人格：完美主义者、助人者、成就者、艺术者、智慧者、忠诚者、快乐主义者、领袖者、和平者。这一理论不仅是一种解剖自我和认识自我的心理学理论，更是一个易学易懂的企业管理与人际交往工具。人格是个体在遗传素质的基础上，通过与后天环境相互作用而形成的相对稳定和独特的心理行为模式。长久以来，心理学家在不同人格的分析上做出过许多深入研究，也提出了许多独树一帜的人格理论学说，"九型人格"就是其中之一。

关于"九型人格"的起源有很多说法，有人说其源于中东地区，也有人说是源于2000多年前印度苏菲教派的灵修课程。实际源自何时何地，已无从考证。20世纪70

---

1. 周太. 九型人格 [M]. 北京：台海出版社，2017 年.

认识自己，活出自在　　　　　　　　　　　　九型人格佩戴耳饰大有不同

年代，"九型人格"理论传入美国。1993 年斯坦福大学率先开办课程，如今被广泛应用到制造业、服务业、金融业等多个领域，在促进团队协作、提升销售业绩、达成有效沟通等方面都有不凡表现。

"九型人格"实际上就是人们处理自己和世界关系的九种方式。该理论认为，人由基本欲望所控制。"九型"讲的是基本欲望，反过来也是基本恐惧。这些恐惧驱使着一个人，使其一生都致力于远离这种恐惧，并且以所追求的事物成就自我价值。与其他性格分类法相比，"九型人格"的最大特点在于：它揭示了人们内在最深层的价值观和注意力焦点，不受表面的外在行为的变化所影响[1]。当然，大部分人都是混合型，并非只有其中一种性格。关键是找到接近自己核心本质的那一个。

认清自己的性格特征，不仅有助于完善性格，也有助于规划职业生涯[2]，还有助于找到最适合自己的装扮。美国心理

1.庞焯月.关于《九型人格》的简单介绍[J].大众心理学，2018 年 02 期.
2.卢吉.你真的了解自己吗[J].成才与就业，2019 年 Z1 期.

耳饰可体现人的性格

时刻展示最佳状态的完美型

学博士詹妮弗·鲍姆嘉特纳在《你穿对了吗》一书中，从心理学的角度揭示了穿着与心理状态的关系。装扮事小，却能反映出一个人的内心世界。

耳饰作为最引人注目的饰品，直接影响着一个人外貌的观感。找到最适合自己的装扮，就从了解与自己性格最相配的耳饰开始吧。

完美型如何更完美

在"九型人格"中排头号的是完美型（也称1号人）。她们自我要求高，克制、自律、理想主义，希望在他人心中始终保持完美的形象，终其一生追求理想中的完美自我。1号人害怕出错，"我若不完美，就没人爱我"是她们内心最深层的恐惧。

凡事利弊相伴。1号人脚踏实地，不懈奋斗，愿意为创造价值付出心力，是社会进步的开荒者。但紧张和小心与她们时时相伴，使其很难得到足够的放松。她们从不轻易发表自己的见解，谨慎回

有质感、有细节的耳饰展现个人品位

精致小巧的钻款耳钉是恰到好处的点缀

应任何问题，难免过得有些"心累"。在完美型人身上，可以学到她们细致、认真和一丝不苟的人生态度，摆脱浑浑噩噩的迷茫状态，成为有理想、有目标、有方向的精英。

1号人还有一个显著优点：她们的严苛只针对自己，而从不吝啬对他人的宽厚和包容。因此1号人很容易成为众人自愿追随的领导人物。

如果你正好是这个类型，那么无须他人提醒监督，以最佳状态示人俨然已成为一种自觉诉求。对完美的在意，使你甚至可以达到"鸡蛋里挑骨头"的程度。当对选择配饰没有十足把握时，你宁愿不佩戴，也不想犯错。

但完美型人的习惯性紧张会让她们稍显刻板，正需要耳饰这个调味剂带来一点灵动，增添一些随和。佩戴耳饰能让1号人更加柔和知性，展示出大气、睿智和泰然的形象。

珍珠与金属碰撞出刚柔并济之感

完美型人要大胆尝试不同的耳饰

由于对自身形象有着较高要求，1号人绝不会随意选择和穿戴配饰，而是务求与相貌、穿着、场合等要素协调统一，既能够达到美化装扮的作用，又可以充分表明性格和品味。

因此，对1号人来说，耳饰不可或缺却又不可繁复，需要具有造型经典、材质讲究、做工精巧、传统雅致的特质，适于百搭，不易出错。夸张或艳丽的耳饰不易搭配，使用不当会破坏整体协调。若因一副不恰当的耳饰而影响了她们的

品味，1号人绝对不能接受。金、银、灰、黑等保守色耳饰虽然不够鲜明出彩，但避免了浮夸与浅薄的风险，是可以放心的安全型选择。

贴耳式珍珠耳环是1号人首饰箱里的必备款式，也是我推荐给1号人的首选饰品，既有品级较高的质感，又足够简洁雅致、中规中矩，几乎在任何场合都可以使用，是为面部添上一抹亮色的神器。

在我看来，装扮自己的最大意义不在于追求外在美丽，而在于提升自我认同感和幸福感。去除内心的恐惧，是获得心灵解放的根本。站在这个角度，建议1号人偶尔尝试一些夸张跳脱的装扮。不妨试试一身素色服装搭配显眼耳饰的方法。无论是体积大，或是色彩鲜，抑或是款式奇，耳饰都可以帮你跳出设定的"完美"边界，尝试找到不同的自我形象。在朋友圈发上几张和日常形象截然不同的照片，或许会收到许多人的点赞和惊叹。放下心中最深的恐惧，可以从佩戴"不安全"的耳饰开始。

全爱型的随和之风

"九型人格"中的2号人叫全爱型，也叫助人型。她们的注意力始终聚焦在他人身上，愿意全心全意为服务他人、满足他人而付出，充满爱的能量。她们的生活非常忙碌，每天为帮助他人奔波，为人随和友善，体贴关爱，乐善好施，与她们在一起犹如沐浴在阳光中。2号人善于沟通和平衡各方关系，极具"和事佬"和"知心姐姐"潜质。

助人为快乐之本的全爱型人格

甜美的花朵耳饰塑造温柔优雅的气质

小巧百搭的耳钉是不可多得的装饰良品

层次分明的圆形耳饰散发温暖光芒

她们亲和力强，是人群中最有人缘的那一种。如果娶到一位2号型姑娘，那么恭喜了，她绝对是一位贤妻良母。

2号人对这个世界充满感情：对众人有情，对亲人至情，对爱人专情，对朋友用情。爱与被爱是她们最深的渴望和一生的追寻。被需要的感受能让2号人火力全开，不知疲惫。获得他人肯定，知道自己的存在富有价值，能开启2号人心中动力不竭的马达。

爱之深，惧之切。2号的付出需要被悦纳。她们最深的恐惧来自"我若不助人，就没人爱我"。当她们感到付出与奉献不被接受和重视，或不被需要和认同时，深深的沮丧和失落会排山倒海般淹没2号人的灿烂笑颜。她们敏感柔软的内在世界也需要周边的人注视、反馈和呵护。

我认识的2号人都有一双如孩童般干净清澈的眼睛，时刻期盼着他人的呼唤，准备着伸出双手。能够体现2号人特质的耳饰有两类：一类朴质大方，颜色、材质和造型都常规而含蓄，能让2号人

精心搭配耳饰也是爱自己的一种方式

的平易亲和得到充分体现,又能增添亮点。白、银、灰、蓝的贴耳式小型耳饰,配上低调不失华丽的珍珠、白玉、水晶等材质,都是素雅类2号人的不错之选。

第二类是展现2号人"热"与"真"个性的耳饰。色彩艳丽、造型出位,让2号人风风火火的身影成为人群中的一道光,正如她们希望为世界点亮的一盏灯。耳饰是照亮她们脸庞的星星,带来明艳温暖的爱。红、黄、金等代表太阳的颜色尤其能带来热烈的效果,体积偏大或有设计感的耳坠让2号人引人注目,是热情类2号人的首选。

不被关注和需要是2号人的软肋,这使她容易落入为他人失去自我的陷阱,所以尤其需要把重视自我作为一项功课。精心修饰的外表并不会减弱好人的形象,反而增加了魅力和存在感。美好的内心需要外在表象来呈现。耳饰虽小,却能带来最直接的观感提升。只要多收回一点爱,2号人就能内化出更足的力量服务他人和社会。为了完成今生的使命,请更加爱护自己。

聚光灯下的成就型

3 号"九型人格"被称为成就型。她们天生精力旺盛，朝气蓬勃，激情盎然，不怕挑战，勇往直前，极富领袖气质。超强行动力是成就型人最突出的特质，积极果断是她们最基本的素养。

对于成就、赞美和欣赏的渴望，让 3 号人有着不竭的内在动力，不断追寻更高更远的目标，永不满足。她们想要站在舞台的中央，在聚光灯下和众人掌声中接受褒奖。

成就型人很容易识别。人群中最活跃、自信和健谈的，一般都是 3 号人。她们喜欢细数自己的成绩，津津乐道于过往的成功，对还没来到的奖励不惜提前炫耀，难免有些自恋情结。但这些张扬并非故意为之，只是抑制不住内心的喜悦而已。

活出生命耀眼之光的成就型人格

棱角分明的几何耳饰映射时尚的态度

相随心变。由于3号人大都比较坦率，长相中往往透着"正"与"直"，因此喜欢"简"与"独"的装扮，加上想要鹤立鸡群，内心又刚烈坚韧，因此对"热"与"刚"的装扮更加青睐，纤弱柔美的饰品入不了她们的法眼。设计独特、个性十足、独一无二的耳饰会吸引3号人的目光，也是最适合表现她们性格的饰品。

戴对了耳饰不仅可以为3号人增加美丽指数，还能让她们从人群中脱颖而出，成功成为众人注目的焦点。对3号人来说，需要拥有各种风格和款式的耳饰，以便经常更换，获得评论和赞美。造型独特且具有冲击力的耳饰可以展现3号人的气质，大气时尚、色彩热烈的耳饰能让她们更加闪亮耀眼。

下页图（第一行图右）这对浅金色耳饰造型简洁前卫，存在感十足，富有张力，坚硬的宝石和软质的流苏形成对比，金色与驼色和谐搭配，设计特别又醒目，能完美呈现3号人的干练利落和张扬个性。

相比2号人的热情，3号人的热烈个性中还带着侵略感。她们的目光坚定，神采飞扬，敢于表现，所有造型夸张、闪亮耀眼的耳饰，3号人都可以尝试。

成就型对于自我的认可和追求无可厚非，而她们的恐惧和弱点也显而易见，即如果无法取得成就，她们比其他类型的人更容易抑郁和自我否定，从自恋走向自卑的极端。从这个角度来说，3号人减少凸显自身的冲动更有利于平衡。佩戴具有设计感且风格柔和的耳饰，能增加女人味，减少视觉冲击力，让人感受到不一样的"女强人"之感。

改变，不妨从耳饰开始。

夸张的大耳环提升时髦度

刚柔并济的耳饰交织出新时代女性独有的魅力

闪闪发光的钻石耳饰加倍释放迷人风情

蕾丝与串珠元素增添浪漫气息

艺术型，不走寻常路

有一类人，终其一生都在寻找自己和这个世界的独特之处，用不一样的眼光审视着周遭的人和事物，以不寻常的思维思索着宇宙万物的真相，终日带着莫名的忧郁和感伤，如《红楼梦》中的林黛玉一样。这就是4号——艺术型的人。

她们是最情绪化的一群人，思维模式可以用天马行空来形容，擅长突发奇想，理解能力和推理能力也与众不同。4号人中盛产具有鲜明个性和革新精神的艺术家。

艺术型人的优缺点都十分突出。喜怒无常、不守纪律，自我中心是她们常被人诟病的原因。但4号人为这个世界带来的艺术之美是其他类型人无法企及的。

不独特不成活的艺术型人格

颠覆传统形态的异形珍珠耳饰，打造独一无二的美

金属混搭风耳饰展现随性不羁的时尚态度

串珠花簇耳饰时髦又跳脱

画家爱德华·马奈是 19 世纪印象主义奠基人之一。他用色大胆，视觉冲击力强，颠覆了绘画要有中间色调和追求立体空间的传统。现在北京的著名艺术文化场馆"马奈草地"就是以他和他的代表作《草地上的午餐》命名的。马奈不拘一格的精神深深影响了塞尚、莫奈等后来的绘画大师。但他从没参加过印象派展览，因为他不想被贴上某个派别的标签。这就是典型的艺术型人。

艺术型人希望自己活得潇洒自在，不被世俗的繁文缛节和规矩束缚。在她们心中，自己是被禁锢的鸟，虽迫于无奈向生活低头，但依然保有倔强的灵魂。4号人大都因为得不到理解而倍感孤独，养成了多愁善感的个性。

4 号人有超强的感知力和创新力，喜欢特立独行。她们通过佩戴耳饰加强自己的存在感和力量感，展现自己独特的品位，这是非常聪明的做法，因为耳饰是距离面部最近的饰物，一静一动都能吸引他人的目光。

明艳的大耳环带来活泼靓丽的气息

极简的大圆环耳饰精致又高级

4 号人可选择的耳饰多种多样，造型别致和大胆出位的款式都可以为她所用，因为 4 号人最渴望的就是表达自己的独树一帜。她们需要经常变化自己的外形，因此推荐多储备一些富有艺术气息的耳饰，如艺术品衍生耳饰、设计师限量款耳饰、翠绿嫩黄等罕见颜色耳饰等。相对 3 号人想要的耀眼效果，4 号人选择耳饰最重要的因素是独特。

多彩组合式耳饰在 4 号人中的接受程度高于其他类型。因为驾驭颜色繁多的款式本身就极具挑战，而大部分人都害怕

多色带来凌乱和过于跳脱的感觉。但在艺术家眼中，斑斓的色彩正是表现这个世界的手法之一。因此 4 号人佩戴多色耳饰，能直接体现艺术特质。

《我》中有一句让人印象颇深的歌词："我就是我，是颜色不一样的烟火。"这是艺术型人的座右铭。若她们的个性之羽凋落殆尽，或许会走上一条怨天尤人、自暴自弃的不归路。因此，理解和倾听对 4 号人而言是非常重要的。艺术型人需要被保护和珍惜。

最讲搭配门道的智能型

严谨理性的智能型

配饰叠戴演绎全新风格

如果说 4 号人中多有艺术家，那么 5 号人中就多出科学家。"九型人格"中的 5 号被称为智能型，也叫思考型。看名字就知道她们对求知有多么渴望和执着。"我还有好多书没看"是这类人的口头禅。但不要认为她们就是书呆子，只不过对知识和能力的渴求，对无知无能的恐惧，5 号人要强过其他类型人罢了。

5 号人知识储备丰富，善于质疑和思考，是研究工作的最佳人选。她们习惯用理性方式进行逻辑推理和判断，也有惊人的洞察力，可以当好智囊。但她们对于真相的执着和对无知的鄙视，往往让自己与社会格格不入，有时显得过于挑剔和高傲。

冷眼看世界，凡事讲客观，行动力又较弱，让 5 号人缺少了一些激情和热忱。精神世界是她们的全部，外貌形象和物质生活并不是她们生活的重心。因此要说服智能型人多花一些精力装扮自己，重视耳饰搭配，需要做好被问很多"为什么"和进行一场艰苦辩论的心理准备。

小巧的圆圈耳环在耳垂传达硬朗气质

富有设计感的耳饰极具个人特质

耳饰搭配中的科学家

说服 5 号人佩戴耳饰之后，就必须说明什么样的耳饰适合她们。5 号人希望做学者和智者，或成为专家，或像位哲人。适合她们的耳饰要能呈现出足够的知性理智或神秘炫酷。

对于希望树立学者形象的 5 号人，可以选择小型贴耳式耳饰或形态单一的小耳坠，颜色以黑、白、灰等中性色为主，简洁大方，含蓄低调，又不乏亮点。材质方面最好选择金银、水晶、合金、新材料等，不如宝石名贵，却能与眼镜等融合搭配。

对于想营造神秘气质的 5 号人来说，根据符号、星象和图腾设计的耳饰是最能凸显这一形象的。黑色、深紫、墨绿、银灰与之相得益彰。黑玛瑙和石榴石低调幽深，质感细腻，光泽独特，是制造神秘感的最佳选择。尤其是石榴石演绎的"红"与"黑"，正是 5 号哲人内心冰火交融的表达。

左：黑色玛瑙银耳环　　　右：石榴石圆环耳饰

形态柔美和色质粉嫩的耳饰尤其不适合 5 号人。虽然这类耳饰有减龄效果，却与成熟知性和深刻理性背道而驰。

如果你身边有关系不错的 5 号人，你就等于有了一条获取知识的捷径。跟她们在一起聊天谈心，就算是聊情感话题，都能够得到许多理论收获，从而重新认识世界、人生和事物。与 5 号人沟通的禁忌是在她们面前大秀知识，如果内容本身富有争议或有硬伤，很容易激起她们的斗志，一定要跟你论个明白。要知道，5 号人也不是故意针对谁，只是她们对"正确"的执念超越其他。也正因为在这群对真理执着探索、不随波逐流的人存在，我们才不断有科学的进步与发展。希望 5 号人爱上耳饰，给出更多与耳饰相关的知识和理论指导，让我们美得科学且理性。

忠诚型的安全之选

有命令就有执行，有开拓就有守成。如果你是 3 号或 8 号型人，那么找一个 6 号型人搭档再合适不过了。"九型人格"中的 6 号人是努力和可靠的合作者，她们能够扎实执行上级命令或服从集体决策，不折不扣完成分内工作，被誉为忠诚型。

在各类关系中，忠诚型人都值得信赖并希望获得信任。她们不爱冒险，对风险多采取回避态度，言语稀少，默默付出，脚踏实地，对于权威绝对尊重和信服，循规蹈矩，谨慎保守。如同一群忙碌的工蜂，为蜂王马不停蹄地忙碌和奉献。

天生的悲观主义让 6 号人缺少安全感。她们终其一生寻找着内心的安宁。怀疑与焦虑的时常困扰，阻碍了 6 号人突破束缚和开拓创新的脚步。虽然忠诚型人拒绝背叛，但不代表她们相信世界和他人，只是不想背负背叛的恶果罢了。在 6 号人的心中，顺从是获得爱与安全感的最佳方式。

厚道质朴的忠诚型人格

低调又不失设计感的耳饰突显人的沉稳而端庄

6号人要的安全，能够从她们的自身装扮中识别出来。绝不突出的穿着，朴素简单，甚至有些老气，偏传统的职业女性形象，中规中矩的淡淡妆容，让她们在人群中绝不显眼，与3号形成鲜明对比。

忠诚型人的优点可以总结为三点：一是具有超强的责任感，对人对事负责到底，遇到困难不推诿、不退缩，有始有终；二是友善真诚，虽然慢热却付出真心，重情重义；三是沉着稳重，不浮夸外露，较有耐心和毅力。她们认真付出和为人尽忠的样子，真有种"俯首甘为孺子牛"的感觉。她们的身上或许缺少了些浪漫色彩，却贵在真实。不搞花架子，不浪费自己和别人的时间与精力，永远在言行中透露出严谨、诚实和淳朴。

6号人不想出风头，耳饰自然也不能高调张扬，需要呈现内敛持重、沉稳细腻的品质。

精致耳饰在细节处加分

多一种尝试，多一份美的可能

小型耳钉或耳坠是她们的首选，以深色为主，避免柔嫩可爱或耀眼夸张的颜色，尽量不使用钻石、翡翠、祖母绿、蓝红宝石等高档材质，总之越低调越安全。

对世界怀疑太多、活得太拘谨是 6 号人要调整的部分。即使被他人称赞今天佩戴的耳饰漂亮，她们也难免在心里嘀咕：这是真的吗？是不是人家的客气话？难道是耳饰太突出了，故意提醒我？变换心态可以从大胆尝试不符合本身性格的耳饰开始。像 3 号人那样，突出一些又如何？被人注视又怎样？其实装扮的改变不会影响性格中本质的部分，只是一种自我突破和革新。毕竟装扮可以展示本来的性格，也可以表现不一样的自己。

做自己还是做拥有更多可能性的自己，就在一念之间。

活跃型的清新耳饰

《九州缥缈录》是众多奇幻小说迷的心
头挚爱。女主角羽然是一个勇敢、机智、
灵活，有着开朗性格和深沉感情的女孩。
同她在一起不会觉得无聊，因为她总有
话题；也不会感到平淡，因为她总爱变
化。这个人物是"九型人格"中7号的
绝佳写照：古灵精怪的神色，机智多谋
的头脑。

气氛担当的活跃型人格

7号人被称为活跃型。跟她们做朋友很
开心，因为这群人幽默感强，善于制造
快乐，充满激情与创意，喜欢带着大家
玩耍，尤其爱尝试那些新鲜刺激的玩意儿，是最能活跃气氛的开心果。聚会和活动
有了她们，便不会沉闷尴尬。

可想而知，跟7号在一起的时光必将充满惊喜。她们对新鲜事物难以割舍，一成不
变的生活会把7号逼疯，哪怕是自娱自乐，她们也要给自己制造不同的感受。在7
号的观点中，世上美好的人和事居多，未来的路上总有快乐在招手。与6号的悲观
主义相反，7号的乐观精神最为强烈。

她们的机敏多变让很多人摸不着头脑。阻碍7号发展的最大瓶颈在于缺乏耐心和回
避问题，冲动放弃与沉迷上瘾是7号面对不良环境时采取的防御措施，也是导致她
们跌倒的绊脚石。但从积极方面来看，活跃型人也善于在看似冲突的关系中找到新

的解决方案，用更加和平友善的方式寻找到多赢的出路。

兴趣广泛、热爱冒险的 7 号不会忽略自己的外表，更不会受条条框框的约束——跟随心情穿戴，高兴就好；哪管什么类型，好看就行。

即便如此，7 号人佩戴耳饰时仍不妨遵循以下建议：一是耳饰造型特别，越新奇越能够展现 7 号人对时尚新鲜的喜爱；二是款式多多益善，经常更新，准备不同颜色、形态和材质的产品；三是以年轻的样式和颜色为主，避免太成熟和太深沉的颜色。从能选择的耳饰多样

性来说，7 号人是非常幸福的。

最推荐 7 号佩戴的是款式活泼、色彩清新、能表现年轻活力的耳饰，例如花朵、星辰、糖果色等。

7 号人有着无限活力和可塑性。可以时而可爱，时而文静，时而优雅，时而酷炫。不拘一格，灵活多变。

7 号人总抱有积极向上的生活态度，对未来满怀憧憬。生活在她们眼中像个万花筒，五彩缤纷，妙趣横生。从她们的眼神中，可以读出好奇、聪慧和乐趣。对生活充满热情和期待的心，往往让活

装扮自己是快乐的源动力

花朵耳环

月亮造型耳饰透着调皮与华丽　　　　　　　　　佩戴耳饰最重要的是取悦自己

跃型人总能走在时代前沿，保持不老的心态和容颜。郁闷的时候，不妨找她们聊一聊，可能会得到情绪疏解，收获快乐希望。

领袖型的霸气之风

前面章节介绍过3号成就型人的特点，她们追求卓越，善做领导。但她们并不热爱权力，只看重事情最终成功与否。8号人则不然，她们是"九型"中真正的领袖型人格，是最在意权威和不容侵犯的力量型选手。

如同动物界中的狮子一样，8号也是人群中最显王者气概的那一类，天生拥有超强能量，霸气十足，阳光自信，豪爽大方，具有与生俱来的领导天赋，组织能力强且喜

霸气外露的领袖型人格　　　　　　　　闪耀硬朗的宝石耳饰尽显霸气与个性

欢发号施令。对成功的渴望督促着 8 号人奋发图强，积极进取，其人生中最有获得感和价值感的事就是成为领导众人的佼佼者，让无数人拜服在自己脚下。她们很容易成为工作狂，也喜欢在各种活动中充当指挥官。自带光环的她们成为众人的中心是再正常不过的事了。

如果控制得当，8 号人能够率领千军万马杀出重围，开创一片新天地，也会保护自己的领土和周遭的弟兄。不少叱咤风云的商界领袖以其开拓精神与成功事例诠释了 8 号人开疆拓土的领军才能。演艺界也有众多个性突出的"天王""天后"书写着 8 号人的传奇人生。

但如果掌握不好尺度，8 号人表现出的过分自信和固执、不屑低调、不收敛锋芒，便会给人造成自大狂妄和刚愎自用的印象。攻击性过强是 8 号人被孤立的主要原因。太看重自己的权威、放不下面子和身段，成为 8 号人的普遍软肋。所以，若剥夺她的权力，让 8 号人失去领袖地位，便会从根本上伤害到她。对于其他类型的人而言，权威并不那么重要，但对于 8 号人来说却是生命的全部。

大圆环耳饰凸显气场　　　　　　　　　张扬亦是一种独特的美

鉴于她们强烈的领导欲和引领众人的需求，领袖型人的耳饰必须足够大气，显示王者风范。或体积巨大，能够抓取眼球和关注；或材质名贵，能够彰显财富和地位；或设计独到，能够表现个性和特别；或色彩艳丽，能够表达情绪和喜好；或内涵丰富，能够引领潮流和话题。概括说来，8号的耳饰应该是"饰"不惊人死不休的。

超大、超艳或超长的大型耳饰是许多人望而生畏的，而8号人却敢于在商务和公务场合使用，让人顿感王者之风。可爱乖巧的耳饰完全不适合8号人，佩戴这样的耳饰会让她们充满无力感与违和感。而当8号人佩戴小耳饰，也会让这个饰物失去存在感。

不要以为8号是冷酷无情的狠辣角色，其实她们非常重义气，喜欢保护弱小，劫富济贫，有着江湖大侠般义薄云天的豪气。可惜耐心不足的她们往往不爱解释和表达，容易造成他人的误解。因此建议8号人适当收敛外露的气息，从外形上向9号人靠拢，尝试更平和慧丽的装扮风格。

和平型的雅致慧丽

"九型人格"中的9号人称为和平型。她们友善、忍耐、随和，不好竞争，为了和谐可以牺牲自己的利益，尽量退让和避免冲突，有时显得有些优柔寡断，没有主见，与8号人的独裁作风形成鲜明对比。

9号人之中盛产"老好人"，是群体中的和事佬。在为他人着想方面，与2号有共通之处，但9号人更加被动，且不看重回馈。

与这个世界和身边的各色人等和平共处，是9号人的最高理想。只有安稳和谐，她们才觉得安全和自在。和别人意见不一时，9号人往往不会固执己见，而是将主动权交到别人手中。

调停这个职业非常适合9号人，但在谈判桌上她们却经常败下阵来。识别出和平型的人，发挥出她们的积极作用，对一个集体的团结大有助益。

优雅从容的和平型人格

星星耳饰简单却不失闪光点

白色珍珠贝母耳环

白玉耳坠装点婉约美

和平型代表人物：奥黛丽·赫本

9号人显著的弱点就是害羞和懒惰，不直面和解决问题，有时会像一只把头埋进沙里的鸵鸟，假装不知道事有不妥甚至危机四伏。而不争取、不主动的性格也容易让她们得过且过，碌碌无为。

总为他人着想，让9号人经常压抑自己的想法和渴望，害怕说出真实感受和提出要求。比起凸显自己，9号人更喜欢支持他人，营造良好氛围。

她们的眼神往往是温柔的、善良的，不带攻击性，面部线条柔和，嘴角总是上扬，对带有罗曼蒂克色彩的服饰颇有好感。女人味十足的百褶长裙和蕾丝都会深深吸引9号人的目光。她们理想的形象是大方亲和，含蓄淡雅，浪漫唯美。

适合9号人的耳饰要具有空谷幽兰的气质，柔和低调，温和淡然。形态小巧纤细，线条柔美。颜色以白色、淡粉、天蓝、鹅黄等浅色调为首选，材质多用珍珠、白玉、水晶和布料。这类耳饰具有慧丽优雅的风格，内秀而不庸俗，清雅而不奢华。

明净的蓝色耳饰让气场与优雅同在

而造型夸张的耳饰会模糊9号人本来的气质，不推荐9号人选择这类耳饰。

9号人最不能接受的应该是那些形态夸张、色彩张扬的耳饰。她们更习惯于用小巧或轻量感的耳饰点缀出充满善意而不刺眼的光芒。厚重耳饰具有的强大力量感和冲击性，会让佩戴者具有侵略性、威严感和高冷范儿，不符合9号人的自我定位。

全世界公认的女神奥黛丽·赫本是和平型的代表人物。她亲和善良的容貌、为慈善事业拼尽全力的追求，在耳饰佩戴上的含蓄雅致，都表达了9号人内心深处的真善美。

场合与耳饰

耳饰的搭配可以从多个角度考虑，包括个人的长相、性格、服装以及耳饰的形态、材质、色彩等，其中一个非常重要的因素，就是场合。美感的产生，除了我们自身和耳饰具有的特质外，还需要和环境完美融合，才能符合规则和礼仪，让人感到舒适自在。否则，就算耳饰非常漂亮，一旦用错了场合，也会酿成礼仪事故。下面将围绕四种主要场合讲述耳饰配搭之道。

她们站在世界政坛之巅：女性领导人教你如何戴耳饰

是不是所有的场合都适合佩戴耳饰？这个问题困扰了很多人。尤其对公务员群体而言，在提倡朴素着装的工作场合，在需要保持庄重严肃的公务场合，能佩戴耳饰吗？在本书的前面章节中，我已经从耳饰文化的起源和发展等多个角度提出了我的观点：只要做对了搭配，耳饰应该成为生活的必需品，而且越是重要的场合，越要佩戴。这不仅关乎自身形象，还可能影响到一个集体、组织甚至是国家的形象。在国际外交和国家政坛这一最严谨、对形象要求最高的政务场合中，众多女性领袖和领导人都用恰当的耳饰提升自身的魅力，展现国家的风采，为我们树立了耳饰佩戴与搭配的榜样。

中国的外交女神傅莹就是其中一位。这位曾经的外交部副部长、全国人大发言人、驻外大使，在我心中是中国现代女性的典范。她以高雅时尚的外形、沉稳睿智的表达、和风细雨的谈吐，形成了独特的"傅式风格"，向全世界展示了中国形象，传播了中国主张。在国际政坛上，一言一行都代表着国家和人民，个人的气质风度、衣着品味，都必须符合国际礼仪的要求。傅莹在国际舞台上展现的中国女性形象，就是我一直以来欣赏和追寻的：既有儒雅大方、秀外慧中的东方韵味，又有低调华丽、时尚精致的国际范儿。

在外交和公务场合，浓妆艳抹自然不合时宜，但不施粉黛也不符合社交礼仪。悉心装扮，呈现良好的精神面貌，既是尊重他人，更是尊重国家。傅莹的形象得到了国内国际的一致好评。而在赞叹之余，我也注意到了她佩戴耳饰的习惯。在各个重要场合，傅莹都佩戴耳饰出席，可谓是中国政坛上注重服饰配搭的代表人物了。她在公众面前不仅必戴耳饰，还十分重视耳饰形态、材质与色彩的选择。

质感与细节兼具的精致耳饰

傅莹佩戴的耳饰基本都是圆珠形耳钉，有聚焦、装饰作用，又能够凸显佩戴者的端庄秀丽之气，是国际政治活动和严肃公务场合的最佳选择。我认为，这类场合的耳饰应以珍珠、金属和宝石等具有一定厚重感的材质为主，避免塑料、橡胶和易掉色的人工材料。在做工和细节方面要讲究精巧，经得起近距离观察和推敲。颜色宜根据服装搭配银色、白色、蓝色、红色……让形态趋同的耳饰具有更丰富和鲜活的表达。

放眼世界，众多女总统、女总理等女性领导人也很重视耳饰的搭配。英国前首相特蕾莎·梅的衣着打扮就一度成为人们热议的话题，她被认为是时髦的政坛女将代表。耳饰给她增添了亮眼的色彩和几分柔美，成为她出场的必备品。她和撒切尔夫人一样，最喜欢佩戴珍珠和宝石耳饰，大方典雅，沉稳庄重。印度尼西亚第五任女总统梅加瓦蒂、巴西前女总统迪尔玛·罗塞夫也在各个场合都佩戴耳饰。与傅莹一样，她们

珍珠与钻石结合，干练不失优雅

通常会佩戴贴耳式耳饰，而很少选择耳坠，因为前者往往显得中性和知性。

前澳大利亚女总理朱莉娅·吉拉德、泰国前女总理英拉·西那瓦也是耳饰爱好者。
她们喜欢小型耳坠，通常选择单珠式耳坠，长度在3厘米以内。这样的耳饰更具灵
动感，更有女人味，但形态又不会过于复杂和冗长，否则将有损佩戴者严肃沉稳的

低调且精致的单珠式耳坠

气场。但如果是出席民众活动，她们会选择色彩更丰富的耳坠，通过充分展示女性魅力来塑造亲和的形象。

站在政坛之巅的女性们为我们佩戴耳饰做了表率和示范。你还在犹豫什么呢？不妨向她们学习，开始在公务场合佩戴小型耳饰吧。

要专业，更要女人味：商务场合的耳饰选择

圆环耳饰是专业场合下不出错的首选

在正式程度次之、出现频率最高的生产、办公、会议和谈判等专业场合，该怎样通过耳饰打造良好的职业形象呢？

在政府工作的女士外在形象非常重要，它影响着民众对政府的印象，对政府公信力的判断和评价。简约、端庄、朴素的形象最为适宜。但这并不意味着素面朝天、不施粉黛。相反，精致的妆容、得体的服饰，不仅有助于塑造公务员群体端庄、严谨、勤勉、实干的形象，还可以让交往对象倍感尊重，使自己自信满满。形态中正、规矩、小巧，材质低调、价格适中的耳饰是公务员的最佳选择。应该避免佩戴造型夸张、色彩艳丽、质地名贵的耳饰。

小巧的耳饰，简洁又出彩

彩宝耳饰的点缀让严谨的通勤装色彩更为明快

方形耳饰不喧宾夺主，存在感十足

对于需要着职业装和工作制服的女性来说，根据服装颜色搭配小型耳饰是万能之法。在办公、谈判、会议、培训等场景中，圆形珍珠耳饰、贴耳式黑白色耳饰、豆粒红色耳饰、椭圆金色耳饰等都是百搭之选。所有女性的首饰箱里都应该有这几款单品。

例如医生和护士，需要呈现专业、洁净、严谨、细致的职业形象。白和粉的服装已做了基础铺垫，要想让人眼前一亮、振奋精神，佩戴上耳饰就可以事半功倍。贴耳式耳饰或小型耳坠庄重雅致，更符合白衣天使的专业气质。白色、粉色、浅蓝、淡绿、浅金等不出挑却清新亮眼的色彩，会增加活力和生机。黑色、灰色虽然沉稳，却略显沉重。红色、黄色等过于显眼，会降低严肃感。

色彩柔和的小型耳钉适合医护人员

又如法官和检察官，如此庄严的职业，能不能搭配耳饰？答案是肯定的。我们不仅在影视剧中可以看到香港法官、律师佩戴耳饰，在中国首位在国际法院当选的女法官、联合国国际法委员会第62届会议主席薛捍勤的耳畔，也可以看到耳饰的影子。除了珍珠和白色耳饰，黑色的小颗粒耳饰也是不错的选择。黑色具有强烈的权威感和力量感，对于执法人员而言，这样的耳饰不会造成工作或行动负担，既美观又不失威严。

奋战在生产车间的女工。只把智慧和汗水的结晶奉献给了他人，很少考虑如何装点自己。其实一枚小耳饰就可以提升她们的美。下图右方的这名女工因为佩戴了耳饰，让我们看到了在生活细节处追寻美好的心灵。或许工厂没能提供舒适浪漫的环境，但在其中工作的人却可以通过点缀自己让日子更有诗意。不妨根据工服的颜色搭配耳饰：白色、橘色、蓝色、黑色的贴耳式款型既能够与服装完美融合，又能为佩戴者增加女性气质。

综上，商务和工作场合可以通过佩戴小型耳饰，为自己增加光亮和色彩。若将才华藏于心，岁月从不败美人。

极简风的银耳环同样是职场女性的不二之选

工作、生活的环境改变不了对美的追寻

做全场最亮眼的星：在正式活动中耳饰的选择

现代生活中的各类聚会不断增多，我们可能需要出席一些如庆典、晚会、宴会、派对之类的活动。这些场合的共同特点是需要个人形象与工作和休闲时有所区分，要用一种专属的 "正式"，表达对场合的重视和对他人的尊重，同时也展现出自己不同于平时的魅力。

带有红毯仪式的庆典、晚会、宴会等活动可以定位为正式活动，而派对、沙龙、聚会等活动被我划分在一般正式活动的类别中。我主张都市女性的衣橱里都备上至少两件礼服，一件长款，一件短款，以应对正式和一般正式的活动场合。

正式活动的着装应该较为隆重，大礼服、时尚长裤套装等更加适宜。一般正式的活动也不能太随意，小礼服和具有设计感的套装都是不错的选择。

是否佩戴耳饰有质的差异

活动场合的着装与耳饰①

活动场合的着装与耳饰②

在各个活动中，重要嘉宾会被邀请参与红毯仪式这个环节。红毯仪式的格调和参与者，可以基本为活动的档次定调。相传红毯仪式起源于几千年前，特洛伊战争中希腊军队的统帅曾经走过红毯——只有拥有"上帝之脚"的人才能享受这份荣誉。现在走红毯虽然已经普及，但仍然有着非同一般的仪式感。每年各大电影节、时装周的红毯环节都是最吸睛的，那是一场场服饰的饕餮盛宴。

大礼服就是为带有红毯仪式的正式活动准备的。所谓大礼服一般是长度过脚尖、裙摆较大或面料奢华的裙装，通过特殊的设计、特制的花纹或装饰，塑造庄重、华丽、贵气、优雅的形象。这样的服装必须与饰品搭配得当。

耳饰与大礼服的配搭有以下技巧：首先，耳饰要具有一定"体量"，能够与礼服的长度与厚重感形成呼应，长款为宜，短款则需要更高的亮度和更大的体积；其次，避免佩戴不起眼的小耳钉，因为它起不到与服装相得益彰的效果；最后，可以大胆佩戴平日里觉得夸张的耳饰。与长礼服相配，多夸张的耳饰都不会产生违和感。

华服还需与亮眼耳饰相称

华丽大耳饰与裁剪简洁的礼服搭配相宜

耳饰与礼服色系相同会产生和谐美感

小礼服相对大礼服，或长度稍短，或款式简约明快，一般是长度齐膝或修身的长裙。虽然正式程度略弱，但会让人显得更加年轻有活力。

耳饰与小礼服的搭配，建议遵循以下原则：一是，耳饰长度控制在8厘米以内，不可长到齐肩甚至过肩，过长的耳饰会显得身长腿短；二是，耳饰款式相对简约，符合小礼服活泼或优雅的气质，不可过于奢华厚重，否则会显得老气；三是，耳饰要有一定设计感，工艺精致，

与礼服的气场一致，不宜选用太普通或偏运动休闲风格的耳饰。

有一条色彩搭配指南是通用于各类活动场合的：无论大小礼服，选取与礼服同色的耳饰，永远不会出错。我们都希望在搭配上出彩，但首先应该保证的是不失误。让自己的服装与饰品处于同色状态是最简单有效的方法，尤其在礼服的饰品搭配方面，更需要掌握这个基础。如果没有同色系耳饰，就选银色耳饰，无论怎么搭配都没有问题。

耳饰与其他配饰的元素应保持一致

玩乐也要这样美：用耳饰点缀你的时髦假期

心理学研究表明：快乐的假期有益身心健康，有利于提高工作效率。度假意味着一段闲暇的时光。

耳饰让快乐在假期中美丽随行

随风摇曳的流苏耳环令人更加灵动

2000 年前，西方伟大的哲学家亚里士多德对闲暇做出了解释。他认为闲暇状态代表着"有可支配的时间"和"不受约束"。因为不受拘束地花很多时间沉思，可以感受真正的快乐。而能够拥有闲暇的，只是少数不需劳作、不用为生计发愁的贵族阶级。经济学家凡勃伦认为，闲暇是拥有充分的时间和支配时间的自由，与人们的富裕程度有关，可以用来显示身份地位。

有一条著名的劳动供给曲线，它显示人们在获得一定收入后，更愿意享受闲暇，而不是为了增加收入而延长工作时间。闲暇对于在现代生活中总是处在忙碌中的我们来说，是非常向往也十分珍惜的状态。

我们常说快乐的时光总是短暂的，正如"假期迷思"所说，总感觉假期过得比平时快。英国心理学家哈蒙德认为，这是由于日常生活和工作的重复性高，新鲜信息少，转

民族风大耳环成为简约造型的点睛之笔

化成记忆的内容少。而假期的不同经历会转化成大量记忆，当大脑回忆这段时光时，会觉得信息很多，便产生错觉，以为时间过得更快。

打破常规的生活习惯，给生活多一些创意，多一些用心，就会少一些无聊与焦虑，增加愉悦与充实。闲暇短暂而弥足珍贵，我们必须在记忆中、在相册里刻录下这些难忘时刻。镜子里的我们、照片上的我们，怎能不美丽不快乐呢？用耳饰搭配衣着，让自己在不同的休闲场合散发出迷人的味道。

海边徜徉：艳丽的长裙，跃然在蔚蓝的海天一色中，呈现为最靓丽的风景线。抛开工作时的职业形象，绽放热情洒脱的一面。小巧的耳饰不再适用于这个场合，是时候让夸张的圆形或长形大耳饰上阵了。在色彩方面，可选择与大海形成互补色的黄色，或与服装相近的同色。

金色套圈大耳环搭配皮衣印花裙、潇洒又时髦　　　　　　　羽毛耳饰浪漫抢镜，点亮全身

纵情山水：世界上有太多秀丽的风光值得去探寻。置身青山绿水之间，与花草树木融为一体。雪纺轻纱和天然棉麻的服装塑造或飘逸或古朴的风格，回归自然本真。无论工作中如何干练，这时不妨做回柔美的女子，用流苏和民族造型的耳饰衬托素雅、秀美的气质。如果你选择穿上汉服在高山流水间抚琴一曲，则需要搭配古代汉人常用的传统耳饰。

城市休闲：大都市的车水马龙有着热闹喧嚣的烟火气，叫人流连忘返。在享受都市的丰富与繁华时，也做个最时尚的休闲达人吧。穿着运动鞋悠闲逛街时搭配上一款布料或亚克力等新型材质耳饰，让闲趣萦绕全身。约上三两好友共进下午茶，以长款优雅型耳饰配合精致着装，仪式感与雅致的环境相得益彰。蜷在沙发上享受午后阳光，用小型轻巧耳饰点缀慵懒之气。在图书馆或咖啡厅一角沉浸于知识的世界，中长款线性耳饰彰显知性柔美。

生活因多彩而美好。每一个时刻，美都由我们创造。

材质与耳饰

材质是首饰的基本元素之一。耳饰的价格高低主要由设计、工艺以及材质决定。同时，材质还影响耳饰的观感、触感和色彩。本节将讲述几类宝石与耳饰的故事。

与珍珠同做优雅温润的女子

英国王室对珍珠偏爱有加。英女王伊丽莎白二世佩戴珍珠饰品的频率很高，让人们不仅发现了珍珠饰品的百搭性和高雅感，也加深了对永恒经典的理解——那是一种不惧潮流的美。无须其他华丽的装饰，仅耳边一颗，就能衬托出佩戴者高贵典雅的气质。戴安娜王妃曾说：女人如果只能拥有一件珠宝，必须是珍珠。她本人就是珍珠的拥趸，在许多场合都佩戴珍珠耳饰。可以说，英国王室珍珠配钻的珠宝见证了几代人的美丽与骄傲。

无论是制作耳饰、项链、戒指或手链，天然或人造珍珠都是首饰品牌和设计师的必选。珍珠温润、庄重、低调又不失奢华的形态和光泽，带来高贵、优雅、温婉的韵味。它也代表了众多女性对自身形象和品位的追求。

荷兰画家约翰内斯·维米尔于 1665 年创作了世界名画《戴珍珠耳环的少女》。这幅

约翰内斯·维米尔《戴珍珠耳环的少女》

作品因作者对色彩、光影和细节的把握展现了高超的绘画技术，也因画中女孩的神秘身份吸引了众多评论家和艺术爱好者的研究，被誉为"北方的蒙娜丽莎"。2003 年，同名电影上映，该影片也成为性感女神斯嘉丽·约翰逊入围 2004 年金球奖最佳女主角的重要之作。珍珠耳饰是画作和电影的点睛之笔，珍珠的优雅给画作和人物都增添了光彩和灵动，也印证了耳饰确有点亮面部色彩的作用。

珍珠作为珠宝和饰品的历史远不止300年。它是一种古老的有机宝石，诞生于2亿年前。和其他生长于岩石和地下的宝石不同，珍珠是贝类软体动物受到外界刺激后分泌珍珠质形成的，是文石晶体的集合，主要成分是碳酸钙和碳酸镁，还含有各种有机物、微量元素和维生素等[1]。因此珍珠不仅是装饰物，还能入药和作为化妆品原料，能戴能吃能抹，称得上女性从内到外的美丽全能助手。最难得的是，由于珍珠可以养殖，大大提高了产量，让普通珍珠的价格相对亲民。

珠宝级的珍珠价格不菲，最名贵的可达上亿元。总体来说，珍珠的价格遵循以下规律：海水珠比淡水珠高，个头大的比小的高，形状规则的比不规则的高，正圆的比非正圆的高，珍珠层厚的比薄

黑珍珠的产量稀少，更为珍贵

的高，光泽感强的比弱的高，细腻的比粗糙的高，带颜色的比白色的高，野生的比养殖的高。珍珠价格还受产地、品牌、渠道等影响，但掌握选择的原则就好，毕竟珠宝没有绝对的价格，只有相对的价值。购得是否称心如意，跟买方的接受度有很大关系，中意是最重要的考虑因素。

海水珠与淡水珠，从名字就能看出二者的区别：一类产于海洋，一类产于江河湖泊。目前世界上90%以上的淡水珠都产自中国。淡水珠好看，而且产量高：一个珍珠母贝可以产30～40颗珍珠。

1. 引用自百度百科.

上：海水珍珠　　下：淡水珍珠

从头到脚饰以珍珠是西方 20 年代的奢华写照

在物以稀为贵的时代，产量低成就了高价格。海水中的珍珠母贝最多生个"双胞胎"，很多时候还是"独生子"，自然金贵不少。当然，海水珠的形状、大小、光泽与细腻程度也更胜一筹。价格低不代表不能买。作为日常饰品，淡水珠算得上物美价廉。选购珍珠耳饰的时候，支持中国的淡水珠也是不错的选择。

日本的 Akoya 珍珠是比较有名的海水珠。它形态饱满、纹理细腻、润泽感强、伴色瑰丽、颜色丰富，是很多女士的首选。Akoya 是马氏贝的日语发音，并不代表只有日本才产这种珍珠。论源头，这种珍珠出自中国的北海。当年御木本幸吉用中国广西的合浦珠蚝养殖日本的海水珍珠，成功培育出了世界上第一颗圆形珍珠，而且引进了广西北海的马氏野生贝，后来发展出 Akoya 珍珠。虽说中国的海水珍珠是 Akoya 珍珠的鼻祖，但日本三重、熊本、爱媛县一带濑户内海的海水环境更利于这种珍珠生长，加上精细的培植理念，造就了上品的珍珠。

品质较高的知名珍珠还有大溪地黑珍珠、南洋金珠、澳洲白珠和中国淡水珠。

珍珠不言，却在讲述佩戴者的心境与追求。拥有一款珍珠耳饰是优雅女士的明智选择。

珍珠耳饰

简谈中国古代珍珠史

珍珠是唯一无须加工、自然天成的珠宝，这一特性是其他宝石无法比拟的。从古到今，皇家贵族都对珍珠情有独钟，也带动了民间对珍珠的爱慕和追求。

中国是世界上最早使用和养殖珍珠的国家之一。珍珠在中国与玛瑙、水晶及玉石并称为"四宝"。《海史·后记》中记录大禹定"南海鱼草、珠玑大贝"为贡品。《诗经》《山海经》《尔雅》《周易》等古代典籍中也都有对珍珠的描述。《格致镜原·妆台记》中还有周文王用珍珠装饰发髻的故事。秦汉以后，珍珠饰品更是迅速普及，帝王将相、达官贵人均喜以珍珠为饰，捕珠业开始兴起。

汉朝开始，珍珠根据产区分为南北两类。"北珠"是指东北的牡丹江、镜泊湖等地所产的淡水珠，"南珠"是指广西合浦地区北部湾海域所产的海水珠。在相当长的一段时间里，"北珠"都是历代诸侯、大王、皇帝的专享贡品[1]。

1. 东珠、南珠、南洋珠 [J]. 中国宝玉石，2020 年 02 期.

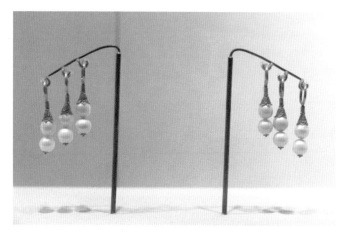
清代东珠耳饰

到了清代，皇家对珍珠的喜爱可谓达到了顶峰，尤其追捧"北珠"。在当时，"北珠"被称为"东珠"。高品质东珠是很稀有的，它浑圆饱满、晶莹剔透、光洁润泽，只供皇家使用。为了加强管理，清政府出台了法令——"非奉旨不准许人取"；为防止东珠流入民间，还成立了专门的机构"珠轩"，负责进行采珠活动[1]。每年需投入大量人力物力才能获取东珠。这个过程非常艰难，4月要跳进东北的冰冷江水里采珠，并且在成百上千的珠蚌中只能得到一颗上好的"东珠"。乾隆曾在《采珠行》中发出感慨："三色七采亦时有，百难获一称奇珍。"那时只有皇帝、皇后和皇太后才能使用东珠制成的朝珠。传说和珅被赐死的理由中就有一条：私藏东珠。现在的拍卖市场上，一串御制的东珠朝珠价值少则几百万，多则上千万。

根据东珠的使用，可以区分后妃的等级。比如耳饰，《皇朝礼器图》记载：皇太后、皇后的耳饰，每具金龙衔一等东珠2颗；皇贵妃、贵妃、皇太子妃的耳饰，每具金龙衔二等东珠各2颗；妃的耳饰，每具金龙衔三等东珠各2颗；嫔的耳饰，每具金龙衔四等东珠各2颗。由此可见，只有皇帝的母亲以及嫔以上的妻子和皇太子妃才能佩戴东珠耳饰，且利用四个等级的东珠进行身份尊卑的区分[2]。

1. 王久金 . 北珠的前世今生 [J]. 产业与科技论坛，2018 年 18 期 .
2. 朱永山 . 清代耳饰研究 [D]. 武汉：湖北工业大学，2020 年 .

在中国，除了皇家对珍珠的喜爱，也有很多关于珍珠的神话传说。比如"千年蚌精，感月生珠""珍珠是鲛女之泪"等，增加了珍珠的神秘感。

中国古代的淡水珠是非常珍贵的，价值远远超过了海水珠，这与欧洲的情况大相径庭。期待中国淡水珠能够再次兴盛，涌现出具有中国特色的优质品牌。选购或制作珍珠耳饰，不妨首先支持国货，用高品质的淡水珍珠，打造优雅、温润、精巧的形象。

女性因珍珠更美

珍珠不仅在中国有着悠久的历史，在西方也是世代人们追捧的对象。古希腊人认为珍珠是爱神阿芙洛狄忒的眼泪，寓意纯洁和真爱。王室和教会也对珍珠情有独钟，让其成为忠贞精神和高贵地位的象征。16～17世纪被称为欧洲的"珍珠时代"，在各种珠宝首饰和服饰中，珍珠都处于核心地位。许多国家为珍珠立法，要求按照社会和身份等级佩戴珍珠。

任何年纪戴上珍珠都能散发女性魅力

珍珠耳饰是珠宝控的必备单品

"童贞女王"伊丽莎白一世充满传奇色彩，而珍珠作为她钟爱的饰物，伴随和见证了这位非凡女性的一生。我们可以从女王的多幅画像中感受到珍珠的力量：它们印证了她至高的权力和地位。

童贞女王伊丽莎白一世

传说法国的玛丽·安托瓦内特王后、拿破仑的欧仁尼·德·蒙蒂霍皇后、沙皇的玛丽亚·费奥多罗夫娜皇后、苏格兰的玛丽·斯图亚特女王、意大利贵族卡特尼娜等都是珍珠的忠实拥趸。芳华绝代的摩纳哥王妃格蕾丝·凯利用珍珠耳饰尽显自己的优雅高贵和王室的荣耀。在她的珠宝盒里从来不缺名贵珠宝，但她却始终保持着对珍珠的喜爱。因为珍珠不仅气质独特，更是欧洲身份文化传承的代名词。"铁娘子"撒切尔夫人也经常在公开场合佩戴珍珠作为点缀，展现自己女性温婉的一面。

珍珠耳饰的光彩令面部更加生动

现代许多欧美明星也偏爱珍珠。比如性感女神伊丽莎白·泰勒、安吉丽娜·朱莉等，既用珍珠耳饰展现她们的华贵，也用珍珠的温润中和天赋的野性气质。我非常欣赏的艾玛·沃森也是珍珠爱好者，或许只有珍珠才能表现她的不俗与智慧。

珍珠耳饰同样是众多亚洲女明星的选择。珍珠佩戴在中国人身上，表现更多的是简约、温婉和精巧。可见珍珠真是一个神奇的造物，不论年代、性别和地域，都能够给人无限的想象和美感。

在这里要提到一个为珍珠首饰平民化做出了重大贡献的人，她就是可可·香奈儿女士。在珍珠天价的年代，她采用人工合成珍珠制作饰品，让更多客户有能力拥有和使用珍珠形态的配饰，对珍珠饰品的发展产生了重要影响，可谓珍珠饰品史上的一次重大转折，使得珍珠从此变得亲民，成为普罗大众展示个性的时尚饰品。而她叠戴长珍珠项链配小黑裙或香奈儿套装的经典搭配，直到今天都是时尚优雅的标志。

如今我们的选择是如此丰富：有天然海水珠、淡水珠，还有人工合成珠；有价值不菲的产品，也有价廉物美的产品。只要搭配得当，珍珠耳饰必会使你成为美丽的化身。

香奈儿珍珠耳环

配上珍珠耳饰更显气质

深陷祖母绿之光

相比钻石，我更喜欢有色宝石，尤其挚爱精致奢华的祖母绿。

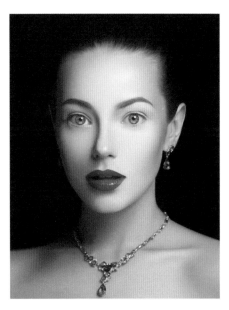

祖母绿有着与生俱来的奢华与高贵

那深邃纯粹的碧色，沁人心脾，发出温暖浓烈的光芒。在不同光线下，它的绿色会产生微妙变化，如同女神灵动的眼睛，柔和又美艳，让人百看不厌。

相传在 6000 多年前的埃及，祖母绿被发现于红海沿岸的沙漠中。16 世纪后流传到北非、西亚和南欧地区。耶稣在最后的晚餐中举起的圣杯就是用祖母绿雕刻而成。"埃及艳后"克利奥帕特拉七世也十分喜爱祖母绿并用之装饰自己。后阿拉伯帝国将祖母绿传播到更为广阔的区域，在忽必烈时期传入中国。[1]

祖母绿也被称为"发光之石"，象征永恒的爱与美，是幸运和力量之源。它见证了一位爱美人胜过江山的国王的传世之爱。英国国王爱德华八世在放弃王位后，向华里丝·辛普森求婚，订婚戒指的主石正是一颗珍贵的祖母绿，上面写着"We are ours now 27×36"。这两个数字记录了他求婚的日期：1936 年 10 月 27 日。后来这枚戒指由辛普森夫人捐出，拍卖所得的 210 万美元捐献给了一家医学研究机构。

1. 郭建设 . 祖母绿的传说 [J]. 地球，2006 年 05 期 .

中国明清两代帝王尤其喜爱祖母绿。万
历皇帝的玉带上就镶有一颗特大号祖母
绿。慈禧太后用两块 80 克的祖母绿作
为她死后所盖金丝被的镶嵌物[1]，可见
其对祖母绿的难分难舍。

图形祖母绿耳饰

欧洲王室价值最高的珠宝藏品和传世珍
宝中都有祖母绿的身影。由最高品质祖
母绿制成的皇冠、项链、耳饰、戒指，
象征着身份的高贵和权力的永恒，世代
相传，可谓王室最爱。

如此美丽和引人喜爱的宝石，是一种绿
色绿柱石，主要成分是铍铝硅酸盐。著
名的绿柱石家族成员还有海蓝宝。

水滴形祖母绿耳饰

祖母绿，这个富有浪漫色彩的名字是从
古波斯语 Zumurud 直译过来的。无心
插柳柳成荫，这个称谓正好让宝石有了"传世""雍容""贵重"的意味。

就算是同类珠宝，价格也可能有天壤之别。产地、品类、色泽、纯净度、加工情况
等都是影响其价格的因素。

1. 庄秀福 . 绿色之王——祖母绿 [J]. 地球，1996 年 01 期 .

优质祖母绿价格不菲，远高于其他宝石，原因就是颜色好又少缝隙的祖母绿非常稀有，一般都有较多杂质或缝隙，所以经常要通过人工干预减少这些瑕疵。一颗没有经过浸油处理的亮绿色祖母绿，可能比人工处理过的柔绿色祖母绿贵出十几倍。如果再有品牌附加值，就能差上几十倍。所以说珠宝的价值很难量化，千宝千面，价值认同主要看眼缘。

当今优质祖母绿的最大产地是哥伦比亚，当地出产的祖母绿以颜色佳、质地好、产量大闻名于世。传说是在一次大洪水之后发现了大片矿石，当地人采集上品制作了一条项链送给公主[1]。后来这条项链被世代保护，没有再现于世，有人开出 2 亿美元天价也没能得手，可谓无价之宝。

木佐和契沃尔矿区的祖母绿是质量最好的。尤其是后者，产出的祖母绿颜色鲜、净度高，因此呈现出更高的亮度。同时，这里的祖母绿还带有难以模仿的蓝色调，可谓独一无二。

还有一种十分稀有的达碧兹祖母绿。宝石中心有一六边形，从核心放射出六道线条，形成一个星状图案。当地人认为每一道都是一份祝福，意味着健康、财富、爱情、幸运、智慧和快乐。这个品类因为特殊和罕见而愈发珍贵。

其他珠宝在祖母绿面前往往会黯然失色。钻石就经常作为祖母绿的配品出现在珠宝作品里。奇怪的是，平时那么耀眼的钻石，在祖母绿面前也会沦为陪衬——观者此时完全深陷在那一片绿海中，而忽略了其他的存在。

1. 马志飞，卢元 . 绿宝石之王——祖母绿 [J]. 少年科学，2012 年 05 期 .

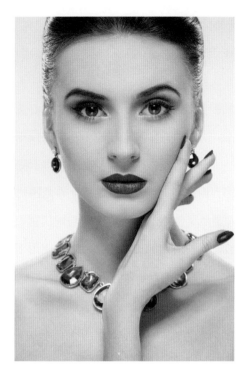

华贵祖母绿立现傲人气场

祖母绿是明星们的最爱。尤其是祖母绿耳饰，无须其他饰品的配合，其独特的浓烈光芒和映衬在脸颊上的温暖色泽，足以提升佩戴者的气场，散发出艳丽高贵的气息，胜过用数量堆砌出来的珠光宝气。在各大红毯和重要场合，众多明星都选择佩戴祖母绿耳饰出场。

祖母绿耳饰是最佳珠宝单品，除了具有绿色饰品的装饰效果外，还能充分展示佩戴者的身份和品味，适合在隆重的场合中使用。与之搭配的服装应该是深色、华丽、面料贵重的礼服或套装，而非休闲或运动着装。

陌上人如玉

如果说让欧美人引以为傲的宝石是祖母绿，那么让中国人爱不释手的宝石非玉石莫属。

单独佩戴祖母绿耳饰同样高贵优雅

玉是一个很神奇的存在，不仅有料、有貌，还有德、有才。在中国，任何一种宝石都无法与玉相提并论，因为它内外兼修，与人共情交融，已经形成了一套

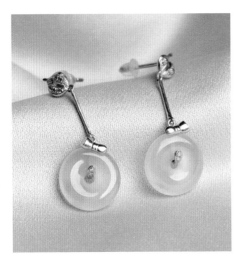
玉石耳坠

完整的文化体系。本节先聊聊玉的"料"和"貌"。

香港中文大学中国考古艺术研究中心主任、德国考古学院通讯院士邓聪教授指出，人类对玉石的认识与利用可追溯到4万年前。那时东亚玉器是世界范围内人类最早使用的玉器，可能与现代智人形成有着密切的关系。会制造和使用玉器，是智人创新能力前所未有的表现。

在中国，20世纪30年代在北京周口店发掘出土了大量玉器，均距今2万年左右，包括玉石珠、坠饰等[1]。这是中国最早的玉器遗存实证。

本书前面章节讲述了玉耳饰在8000年前的兴隆洼文化中的重要意义。它是拥有最高权力的巫在祭祀和与神对话时用于通灵的器物。用玉作为制作神器的材料，说明了在当时人们的心目中，玉是贵重无比且灵性十足的。

现在我们已无法得知玉是怎样被远古先民发现的，可知的是玉得到了从统治者到普通民众的一致喜爱。玉质地温润，优雅持重，永远散发柔和的光芒，既不会被忽视，也不会夺目刺眼，就像恬静端方的公子那样让人赏心悦目、心生敬仰。

从广义来说，玉可以分为软玉和硬玉。顾名思义，它们的质地不尽相同。我们经常用狭义的"玉"和"翡翠"来区分二者。

---

1. 陈望衡，谢梦云. 人类装饰的萌芽——史前玉器的审美价值之一 [J]. 艺术百家，2016年03期.

软玉主要有白玉、青白玉、黄玉、紫玉、墨玉、碧玉、青玉、红玉等。白玉是价值最高且最受追捧的。质地越细腻、杂质越少、颜色越白，其价值越高。中国最著名的玉是新疆和田玉、河南独山玉、辽宁岫岩玉和陕西蓝田玉。这四个产地的玉石被称为"四大名玉"。

常见的硬玉翡翠颜色有白、紫和绿色。通常用种、水头、杂质、颜色等因素衡量翡翠的价格。绿色翡翠可与祖母绿一较高下。翡翠往往杂质更少、清透度更高。中国的翡翠出产量很小，市面上多见的高品质翡翠多来源于缅甸、危地马拉和俄罗斯。从这个角度来说，虽然都是玉，但软玉才是中国的骄傲。

唐代诗人韦应物曾在诗句中这样描述玉石："乾坤有精物，至宝无文章。"玉是天地之精华，经过千百万年的浸泡、冲刷，才得以露出。人们最喜爱的羊脂玉就是如此，由于标准严苛、产量稀少，可谓世间珍宝。能被称为羊脂玉的白玉必须晶莹洁白、细腻滋润而少瑕疵。上佳的羊脂玉近于无瑕，好似刚刚割开的羊羔脂肪，光泽恰如凝固的油脂。

羊脂玉中的"籽料"是经过河水长期洗泡的，有的肌里内含 "饭糁"和各色"皮"。比起产于山上原生矿的"山料"白玉，显得质地更纯、结构更细、透度更高、油性更强。

黄金有价玉无价。对于玉石价格的衡量，比其他宝石更加见仁见智，以至于很难通过文字描述给予定论。

玉石耳饰淡雅清爽，适合在穿着复古中国风服装时佩戴，会让你如古代大家闺秀一般，呈现出温婉大方、雅致端庄的形象。

国风穿搭赋予美更多寓意和价值

中国式优雅

玉在中国文化中不仅是天赐瑰宝，更有着浓厚的人文情怀。可以说玉不仅有"貌"有"料"，还有"德"有"才"。

中国是具有五千年不间断文明史的泱泱大国，形成了独特的审美价值观。对玉的审美观是中国人审美观的重要组成部分。古人通过对玉长期充分的审美活动，得出了对玉的系统评价和观点，形成了玉与人不可分割的独有文化。

《礼记·聘义》中记载，子贡问于孔子曰："敢问君子贵玉而贱玟者何也？为玉之寡而玟之多与？"孔子曰："非为

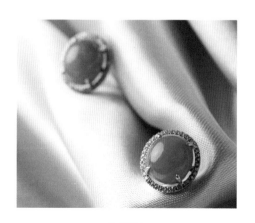

玉石耳钉

玟之多故贱之也、玉之寡故贵之也。夫昔者君子比德于玉焉。温润而泽，仁也，缜密以栗，知也；廉而不刿，义也；垂之如坠，礼也；叩之其声，清越以长，其终诎然，乐也；瑕不掩瑜，瑜不掩瑕，忠也；孚尹旁达，信也；气如白虹，天也；精神见于山川，地也；圭璋特达，德也。天下莫不贵者，道也。"

孔子把玉自身具备的自然物理特性比附于人的品质，认为玉有像人一样高贵的品德，提出了玉的十一德：仁、知、义、礼、乐、忠、信、天、地、德、道。这是对玉文化思想精髓的高度概括，也是中国人爱玉至斯的原因——其中包含了我们做人做事的道理和标准：温厚仁德，明理有智，讲究义气，礼数通达，乐观向上，忠诚有信，精神抖擞，志向远大，行事规矩。

我们都欣赏君子。他们是才德出众、高尚正派、斯文雅士的表率。中国古代的君子都将玉作为自己的象征。《诗经》有云："言念君子，温其如玉"，说明君子之贵。君子性情温顺纯粹、宽缓和

古代玉耳坠

《本草纲目》记载，玉石有"除胃中热，解烦懑、润心肺，助声喉，滋毛发，养五脏，安魂魄，疏血脉，明耳目，久服轻身长年"等疗效。经常佩戴玉石，可以使人血脉顺畅，容光焕发，肌肤美白细腻，眼睛明亮有神。

同时，中医认为玉在山而草木润，玉在河则河水清，玉是蓄"气"最充沛的物质。用玉石按摩人体穴位，刺激经络，疏通脏腑，可蓄元气、养精神，滋阴补阳。而经过打磨的玉石能积聚能量，形成电磁场，与人体发生谐振，从而促进人体机能的协调运转。

柔，与良玉"温润而泽"之美相契合。不论是士族公子，还是王宫贵族，抑或有文化的布衣阶层，不遇特殊情况，必佩玉在身，以表心志，规范自己的言行。出示玉佩显身份，赠送玉佩表心意，正源于此。

玉的神奇不仅在于它和人精神层面的结合，更在于其具有实际的养生功效，可谓真有"才"。玉含有锌、镁、铜、硒、铬、锰、钴等对人体有益的微量元素，经常佩戴玉石可使其中的微量元素被皮肤吸收，有助于各器官生理功能的协调平衡。玉石中对人体有益的多种微量元素还能够有效补充细胞营养。

玉石的自由水结晶构造，具有热容量大和辐射散热快的物理特性，能起到调节体温的作用，使人感到头脑清醒、舒适。当头晕目眩、心神不安时，颅内血管扩张充血。枕上玉枕后，热传导速度加快，颅内温度迅速下降，血管开始收缩，血液循环恢复正常。常用玉石养生，还有清火解热及消暑之功效。

佩戴玉手镯，可起到按摩保健功效，能

改善视力模糊症状。佩戴玉耳饰，不仅能够发挥耳饰刺激耳垂中部穴位的功效，保护视力和防治眼部疾病，还可以发挥玉滋养人体的作用，达到养颜、镇静、安神之效。

水滴形玉耳坠

因此，无论出于审美，抑或保健功能的考虑，中国女性都需要一副玉耳饰。当你想要扮出中国风格，向世界传播中国特色之美的时候，也只有玉耳饰能够搭配传统风格的服装，呈现出中国式的温婉雅致。

如此有貌有料、有才有德的世间美物，你绝对值得拥有。

中式元素结合，彰显东方韵味

人生如翡如翠：翠蕴珠华，丽质天成

看到翡翠，总让人感到一股绿流涌入脑海，淌过心间。代表东方、可以和西方祖母绿一决高下的绿宝石，非它莫属。

翡翠首饰

"翡翠"一词的由来，与一种生长着红绿两色羽毛的鸟有关。这种鸟，雄性的羽毛为红色，称为"翡"，雌性的羽毛为绿色，称为"翠"，合称"翡翠"。当年缅甸玉传入中国，其颜色以红绿为主，与翡翠鸟相似，于是人们便用"翡翠"称呼这种玉石，一直沿用至今。通常，我们用"翡翠"统称这种玉石，有时也用"红翡"称呼红色的翡翠，用"绿翠"称呼绿色的翡翠。

用翡翠双色雕刻凤求凰的故事，乃文化艺术珍品。在神话传说中，有一段感人的爱情故事发生在凤和凰之间。如同"翡"和"翠"一样，"凤"和"凰"是对这种神鸟雄雌两性的不同称呼。传说凤和凰曾是一对形影不离的恩爱伴侣，凤拥有美妙的嗓音，凰拥有美丽的羽毛，它们的生活就是一首美妙的诗篇，羡煞旁人。后来凰因染病过世，凤终日悲鸣，真情感动王母，同意让凰复活，前提是凤要受烈火焚烧之苦。痴情的凤毫不犹豫投入熊熊烈火，不但换回了凰，也迎来了自己的新生——火红凤鸟浴火重生。

翡翠耳坠

后来司马相如用《凤求凰》表达对卓文君的强烈爱意和追求，让人好生感动。求婚时其实大可以不再送钻戒，送上一个有着凤求凰寓意的物件反而更有新意。用翡翠的红绿分别代表凤凰是最恰如其分，又最符合中国传统意义的。

中国古代对玉的热爱也包含了对翡翠的喜爱。当今国人也以佩戴高级翡翠饰品来彰显富贵和品位。"黄金有价玉无价"，衡量玉石翡翠的价值是一门很难的学问。尤其在赋予一个翡翠作品文化艺术价值之后，更不能单纯从材质本身去考量了。

例如著名的国宝级翡翠作品岱岳奇观、含香聚瑞、群芳览胜和四海腾欢，单从翡翠的重量、质地、品种、色泽等方面去衡量是远远不够的，其珍贵之处更在于几十名玉雕大师的艺术创造和雕刻功力。

作为首饰来说，老坑玻璃种的绿色翡翠是价值最高的。它们细腻纯净，不含杂质，具有玻璃光泽，颜色符合"浓、阳、正、和"四字。

"浓"指绿色的深浅。浓而不沉是最好的稳度，浓烈的绿色更具华丽富贵质感。"阳"指翡翠颜色鲜艳明亮的程度，含绿色比例多的翡翠，颜色更明亮，有种生机盎然之感。"正"指色调要纯正，不混杂其他颜色，不偏蓝也不偏黄。"和"指翡翠颜色分布的均匀度，色调和谐。

将古典戴在耳畔，映衬非凡气质

极品翡翠符合以上特性，价值连城，也非常少见。现在很多商家通过人工处理甚至造假的方式，制造老坑玻璃种翡翠。我们需要更多地了解辨别方式，才能避免上当。

翡翠耳饰由于体积较小，是否达到顶级品质从观感上差异并不大。日常佩戴也不需要太贵重，具有良好的装饰性即可。但出席重要场合时，最好能配上一副高级的翡翠耳饰，搭上中国风的礼服或旗袍，那将展现出无法比拟的东方风韵。

单论价格，红色的翡翠并不昂贵。但它与翠的搭配和对翠的衬托，是最令我欣赏的。翡与翠在一起，才成就一段传奇佳话。生活亦如翡翠，事业和情感都精彩，才是圆满。

美艳不可方物的红蓝宝石（一）

《圣经》中多处提及宝石，这些宝石构建了城门、城堡、王冠、宝座、印章等，代表了人们心目中的美好天堂。

以色列的 12 个支派就分别用 12 种宝石做象征，此处宝石的意义已经超越了财富而与精神紧密相连，意味着上帝视子民如珍宝，不管人犯了什么错，始终不会被上帝遗弃。红宝石、蓝宝石则是其中排位靠前的宝物。

之所以把红宝石和蓝宝石放在一起介绍，是因为它们同属一个家族——刚玉。其中由铬（Cr）致色的红色刚玉叫红宝石，其他颜色的刚玉都叫蓝宝石。因此红宝石一定是红色，而蓝宝石可不一定是蓝色。需要强调的是，粉红色的刚玉不是铬致色的，不能算作红宝石。

红宝石耳饰

色泽浓艳的红蓝宝石总让人爱不释手。对红宝石而言，铬含量越高，颜色越鲜艳。最受人珍爱的就是有着"鸽血红"之称的红宝石，其红色纯正，饱和度高，日光下有荧光效应。有时会因为含有细小金红石针雾而形成星光。而红色较淡或太深的红宝石，价值都不如"鸽血红"。

目前最完美的大颗红宝石晶体希克森重达 196.10 克拉，藏于洛杉矶自然历史博物馆。虽不像摆件和首饰那样经过精雕细琢，但其晶体本身颜色浓纯、均匀度高、完整性强，是红宝石中的极品。

著名的罗斯利夫斯星光红宝石产自斯里兰卡，是世界上少数的大颗星光红宝石之一，重 138.7 克拉，干净透明，六条星线十分锐利，现藏于美国史密森博物馆。

目前市面上最大的优质刻面红宝石莫过于卡门·露西娅红宝石，重 23.1 克拉，镶嵌在缀满碎钻的白金戒托上。其内部清透绚烂，经棱角折射后熠熠生辉。现珍藏于美国史密森博物馆。

红宝石是欧洲王室贵族珠宝饰品的常用材质。目前最有名的包括拿破仑送给玛丽·路易丝王后在婚礼上佩戴的红宝石套装，其中最尊贵的是一个红宝石王冠；还包括 19 世纪罗克斯堡公爵夫人的红宝石项链耳饰套装，以 576 万美元的售价创下了当时的最高纪录；以及伊丽莎白女王用 96 颗红宝石与钻石制作的王冠。

中国也十分喜爱红宝石，皇家收藏中也不乏精品。例如现在故宫博物院的清代红宝石佛手，重 667.69 克拉，以整块红宝石雕琢而成。其形态自然，颜色深红，晶莹光润，价值连城。民间也有泉佳美星光红宝石原石。重 1700.01 克拉，产于缅甸抹谷。其颜色鲜艳，自然形成山字形态，晶体完整，颗粒之大为世界罕见，现珍藏于青岛泉佳美硅藻泥宝石展览馆。

深沉热烈的红，惹人沉醉

人们赋予了这个美丽的宝石很多美好的寓意。它既象征着火热的爱情，也代表平安长寿、家庭美满、发财致富。

由于红色的艳丽程度及光芒远胜于其他材质的红色耳饰，因此佩戴红宝石耳饰会有非常醒目的装饰作用，同时也代表了人们对生活的热爱和对幸福的向往。

易与红宝石混淆的宝石包括尖晶石、红碧玺等，但其硬度、晶体结构等都不同，最好依靠专业鉴定区分。而在没有鉴定证书的情况下，以下几个小方法可以用于肉眼辨别红宝石与人工合成石。

一是红宝石内有包裹体或冰裂纹，假冒或经过热处理的一般没有；二是染色注胶的红宝石大都呈暗红或紫色光泽，不如天然红宝石鲜亮清透；三是经过热处理的红宝石虽然颜色红艳，但会显得呆板不自然，没有光泽感；四是用玻璃造假的红宝石内有很多小气泡，比较容易识别。

高品质的红宝石主要产于缅甸和斯里兰卡。选购红宝石耳饰时，最好以这两个地区出品的为主。而泰国是红宝石最大的集散地，有机会去泰国游玩时，不妨带回一个红宝石耳饰。

明艳的红宝石首饰绽放迷人风韵

美艳不可方物的红蓝宝石（二）

与红宝石相比，蓝宝石可谓在五颜六色的多元化道路上独树一帜。蓝色、绿色、黄色、橙色、粉色、紫色、灰色……这个价值排名前五位的宝石，用色彩和优雅创造了一个高贵的矿物家族。

蓝宝石硬度为9，仅次于钻石。人们认为它拥有强大坚挺的力量，是欧洲王室王冠和服饰上不可缺少的物件。许多基督教信徒认为蓝宝石具有影响灵魂的法力，可以驱邪护主。

因为通透的深蓝色极像天空的色彩，蓝宝石又被誉为"天国圣石"。在古埃及、古希腊和古罗马，蓝宝石被认为是上天的恩赐，多用来装饰宗教场所，并作为宗教仪式的贡品。

在我国出土的明代梁庄王墓中，有一顶金镶宝石帽，顶上镶嵌着一颗200克拉的蓝宝石[1]。这是迄今为止世界上发现的最大纯色蓝宝石之一。

从古至今，蓝宝石的美艳征服了无数帝王和贵族。它纯正的色彩、闪烁的火彩象征着举世的荣华和尊贵。英国王室酷爱蓝宝石，戴安娜和凯特王妃的结婚戒指上就是蓝宝石；温莎公爵送给夫人的卡地亚蓝宝石美洲豹胸针，更见证了一段甜蜜的爱情故事。

在蓝色蓝宝石中，当之无愧的极品蓝宝石之王就是克什米尔"矢车菊"蓝宝石。克什米尔蓝宝石发现于19世纪，其颜色像德国的国花矢车菊，纯透鲜艳，有一种略带

---

1. 杨明星，狄敬如，周颖，等. 钟祥明代梁庄王墓出土宝石的主要特征[J].宝石和宝石学杂志,2004年03期.

蓝宝石钻石耳饰

紫色的朦胧色调。宝石无杂色，内部含有一种白色片状包裹体，呈现出丝绒般的质感，这让克什米尔蓝宝石独具梦境般的美。

克什米尔蓝宝石是珠宝界的绝对翘楚，其产地在海拔 5000 米以上的喜马拉雅山脉。那里终年白雪皑皑，开采异常困难。极为稀少的产量令现在存世的每一颗都弥足珍贵。

2013 年，佳士得中国内地首场拍卖中，一枚 11.18 克拉的克什米尔蓝宝石镶钻石戒指以 1022 万成交，单克拉价格远远超出同等重量的圆形白色钻石以及艳彩黄钻。2018 年佳士得香港秋拍中，一条共镶嵌有 21 颗克什米尔蓝宝石的罕见珍品项链以 1.16 亿港元的价格成交，成为史上价格最高的蓝宝石项链。如果你拥有一颗重量大、净度高、颜色正、没有色带的顶级克什米尔"矢车菊"蓝宝石，那就直接进入富豪行列了。因为它只要在拍卖场上出现，就不缺买家，且价格高得无法估量。

蓝色系蓝宝石中还有一种皇家蓝蓝宝石也是价值颇高的。比起矢车菊蓝的清澈靓丽，皇家蓝深邃浓艳、沉稳大气、贵气十足，尽显庄严和典雅。

深邃迷人的蓝宝石

佩戴红蓝宝石耳饰，彰显冷艳气质

在彩色蓝宝石中，价值最高、最有名气的是帕帕拉恰粉橙色蓝宝石。这种蓝宝石融合了粉色的柔美和橙色的温暖，是女性精神的象征。由于产量稀少，也十分珍贵。粉色、黄色、紫色蓝宝石也很受消费者欢迎。粉色代表年轻和活泼，黄色代表财富和地位，紫色代表温柔和神秘。

美艳不可方物的红蓝宝石，给我们挑选耳饰以更多选择。当出席重要商务场合时，小型红蓝宝石耳饰既有颜色的点缀，又不失低调的华贵；参加晚宴活动时，体积较大的红蓝宝石耳饰则能助你尽显富丽奢华。

多效又多彩的碧玺：——落入人间的彩虹

宝石中有一个大家族叫碧玺。它是达到珠宝品质的电气石，因含有铝、铁、镁、钠、锂、钾等多种元素而呈现出多彩之色。在宝石界中，碧玺的色彩最为丰富，有时在同一颗碧玺中也会混合多种颜色。

古人认为碧玺是灵石，是"落入人间的彩虹"。慈禧太后就是碧玺爱好者，在她的随葬品中有大量珍贵的碧玺首饰，其中有一朵用碧玺雕琢而成的莲花，重量为 36.8 钱，当时的价值为 75 万两白银[1]。在西方，碧玺也被当作权力的象征。

碧玺戒指

经过加热、施压或摩擦后，碧玺两端会产生电极效应，能把周围的粉尘或纸屑吸附起来。能够产生电流的特性使得碧玺在电子元器件等工业领域被广泛运用，也让人们佩戴它时能通过相互作用促进微循环，活化细胞，放松身心。在科学界，碧玺是公认的具有保健功能的天然宝石。据此，碧玺耳饰不仅给人美丽，还具有活络经脉、促进面部新陈代谢等美容保健的功用。

对于"天生神力"的碧玺，人们也愿意锦上添花，通过美好的传说赋予其更多价值。在古希腊神话里，碧玺被看作普罗米修斯留在人间的火种的化身；在古埃及传说里，碧玺是沿着地心通往太阳的一道彩虹[2]。

1. 张玲 . 碧玺——落入凡间的彩虹 [J]. 益寿宝典，2017 年 24 期 .
2. 程璠 . 斑斓碧玺，人间彩虹，今日工程机械 [J].2013 年 22 期 .

红色碧玺耳饰灵动闪耀

不同颜色的碧玺也被赋予了不同的力量：粉红碧玺可以稳固爱情，红色碧玺可以提高注意力，蓝色碧玺可以增强爱和慈悲的能力，褐色碧玺可以改善人际关系，绿色碧玺可以带来幸运和财富，黑色碧玺可以消除负面情绪，多色碧玺则拥有综合的强大能量。

碧玺不仅颜值高，还对人类有如此多的益处，怎能不让人爱不释手？碧玺虽不是价格最高的天然彩色宝石，但在其中也名列前茅。由于颜色、品质等影响，市面上各类碧玺的价格分为很多档次，价差可达上百倍。

最珍贵的碧玺叫帕拉伊巴，以其发现地命名。这种碧玺产量极低，通透纯净，色彩明锐，通常呈蓝色和绿色。目前1克拉帕拉伊巴碧玺售价约20000～50000美元，比同等大小的钻石更加昂贵。众多明星对帕拉伊巴碧玺青睐有加。

在碧玺的大家族中，蓝色和紫色数量较少，不可多得，因此价格相对更高；红色碧玺的价格次之；绿色和黄色碧玺价格居中；黑色碧玺价格最低。

颜色和净度对于碧玺的价格有决定性作用。拿红色碧玺为例，其红色的深浅、鲜艳

紫色碧玺耳坠

和美纯情的海蓝宝

它是祖母绿的近亲,绿柱石家族的一员。虽不是鼎鼎大名,也不算昂贵珍稀,但没有人不被它的美貌和气质折服。如果说世上有一种能完美呈现如梦幻般纯净蓝色的宝石,那一定是海蓝宝。

物如其名,这种宝石如大海般幽蓝清新,色彩以海蓝色为主,也有一些呈绿蓝色和蓝绿色。它的蓝色低调优雅,可以衬托任何肤色或眼睛的颜色。欧洲王室贵族成员以及众多明星都是它的粉丝。

程度会造就不同的价格。不带任何微棕色调的卢比来红碧玺价格达到上万元1克拉,它在任何光源下都能保持一致的色调。这样的正红色碧玺产量很低,按物以稀为贵的道理,自然价格就比其他红色碧玺高出许多。

碧玺耳饰因为颜色丰富、价格又通常低于祖母绿和红蓝宝而备受欢迎。如果不追求高级珠宝的品质和光环,几百元即可拥有一副天然碧玺耳饰。心动吗?碧玺就是这样一款神奇又亲民的宝石。

纯净欲滴的海蓝宝耳坠

最有代表性的海蓝宝高级珠宝要数英国女王伊丽莎白二世经常佩戴的一套了：The Brazilian Aquamarine Parure。这套巴西海蓝宝石套装一共六件：一顶王冠、一条项链、一对耳饰、一枚胸针和两枚戒指。它们历经了近二十年的时间，由巴西总统和政要相继赠送，经过部分调整，慢慢形成了一个整体。从女王加冕开始，这套传世之作就成了她出席多个正式场合的伴侣。

海蓝宝虽没有灿烂夺目的色彩，但它的柔和静粹、沉着雅致、气度不凡是其他珠宝很难比肩的。这也是蓝色象征的天空与大海所带来的心理投射。

其实英国女王同海蓝宝的缘分要更早地追溯到她的 18 岁生日时——乔治六世国王和伊丽莎白王后将一枚由海蓝宝和钻共同镶嵌而成的胸针作为礼物送给了她。这枚胸针也代表了海蓝宝在高级宝石中的分量。

当前全球最大的一颗经过切割的海蓝宝石是以巴西第一任皇帝多姆·佩德罗命名的。它被发现于二十多年前，由德国著名艺术家和宝石雕刻家蒙斯泰纳切割打磨，现在被珍藏于美国国立自然历史博物馆。这件珍品色泽纯正，熠熠生辉，完美呈现了天的辽阔与海的深邃。

关于海蓝宝的传说有许多，其中最美的还属一个爱情故事。古希腊神话中有一位名为罗兰的风神，长相英俊但地位卑微，因爱上凡间女子为神界所不容。为了忠于自己的爱情，他不惜付出生命的代价。临死前，罗兰乞求爱神维纳斯将他的灵魂封存在海蓝宝石中，保佑人们找到自己的爱情。因此，地中海国家的人们都把海蓝宝视为爱情之石，相信经常佩戴能拥有甜蜜的爱情，维持美满的婚姻。

海蓝宝在很多人眼中还是能量之石。它对应人体脉轮中的喉轮，可以帮助个人提高表达能力、语言能力、领悟能力，并对喉部健康及平衡淋巴系统有着积极作用。所以，主持人、公关、教师、业务员和推销员等需要提高语言魅力的人们很适合佩戴海蓝宝。

容易与海蓝宝混淆的是托帕石。其实我们常见的蓝色托帕石是由无色或褐色的托帕石经过辐照和高温转变而成的，天然的蓝色托帕石非常少见。由于经过加工，托帕石内部杂质较少；而天然海蓝宝虽然通透，但多数都有绵裂。肉眼可以看出二者的差异。

海蓝宝的价格差异巨大，主要由颜色和纯净度决定。价格亲民的海蓝宝内有较多白色包裹体，而珠宝级的海蓝宝纯净清透。

价格最高的是圣玛利亚色海蓝宝。它产自巴西，颜色较深，产量稀少。5 克拉以上圣玛利亚色海蓝宝价格可达 3000 ～ 5000 元／克拉。由于普通海蓝宝的出产量并不低，所以它的价格不能跟祖母绿相比。

海蓝宝耳坠

如果要选择一款海蓝宝饰品，耳饰当仁不让。

就装饰效果而言，海蓝宝耳饰几乎可以在所有场合佩戴：含蓄的华丽，不会显得夸张；色彩的淡雅，彰显独有的韵味。而珠宝级的小颗粒海蓝宝耳饰几百元即可买到。对于爱美人士，海蓝宝是入门珠宝首饰领域的不二选择。

纯净的蓝色光芒绽放女性的优雅浪漫

南红，你爱吗

无论世界如何绚烂多彩，中国人最爱的还是红色。喜庆时节，我们总会用红来装扮自己，装点环境。大千世界里，除了红宝石，南红在中国也广受喜爱。

南红主要特点有以下四方面：

第一，南红是一种玛瑙，是一种名为多晶质石英岩的矿物，主要成分是二氧化硅，呈玻璃光泽，摩氏硬度为6.5～7，其表面有不同颜色的层状或圆环条纹环带。

第二，南红也被称为"赤玉"，兴起于战国时期，在明清时达到发展高峰，民间渐渐流行起收藏南红的风潮，官员品级的朝珠以及官帽上的顶珠都用南红来制作，一时间南红风光无限。

南红耳坠

第三，南红在很大程度上可以算作中国的特色产物，主要产于云南、四川、甘肃等地。如果要送一份代表中国的珠宝礼物，不妨考虑用南红做原料。

第四，南红价值不菲。

南红之美，熠熠生辉

南红里价值最高的当属甘肃的老南红，其质厚温润，色泽纯正偏鲜亮，通常在橘红色和大红色之间，却因为存世量少和再无产出，变得非常稀有昂贵。"柿子红"是新产南红里价值最高的，其红润细腻，手感浑厚，受到一致好评。

除此之外，南红还具有保健作用。

因此，南红所制耳饰具有装饰和保健的双重功能，也难怪会成为珠宝界的时尚宠儿。

知己知彼——耳饰形态搭配圣经

在了解了如何根据脸型、性格、颜色、场合和材质搭配耳饰之后，还有一项非常重要的技巧要掌握——识别耳饰的形态。由于形态不同，佩戴效果大不相同。

耳饰对面部的装饰作用主要通过吸引视觉、转变焦点来实现，而形态是决定这一作用的最重要因素，是与脸型、性格和场合搭配的关键所在，不可忽视。

从大类看，耳饰可分为贴耳式和垂吊式（也称为耳坠）两类形态。其中，贴耳式耳饰主要在耳部发挥作用，对脸型的改变作用有限，应着重选择色彩和体积。大小适

左：贴耳式耳饰　　右：垂吊式耳饰

中的更容易搭配，可作为基本款入手。耳坠则样式较多，其形状、线条、重心和大小等，都会对人的整体产生影响，更适合用于调整脸型。

左：贴耳式耳钉　右：垂吊式耳坠

第一，形状。

耳坠通常包括动植物形、人形、流苏形、水滴形、几何形、文字形和组合形等，是耳饰变化最多的元素。总体可以概括为上宽下窄、下宽上窄、上下同宽和中间宽两头窄四种类型。四型如何与脸型搭配，请参见前文内容。选择时要先把握大类，再挑喜欢的图样。

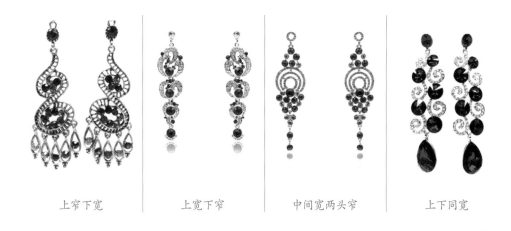

| 上窄下宽 | 上宽下窄 | 中间宽两头窄 | 上下同宽 |

第二，线条。

耳坠可以分为曲线形和直线形两大类。曲线形弯曲圆润，有柔美、缓和、温柔之感。直线形棱角分明，有直接、尖锐、硬朗的感觉。

左：曲线形　　右：直线形

第三，重心。

耳坠的形状和色彩会形成不同的重心。根据元素的集中度，可以分为高重心、低重心和中重心三类。高重心的耳饰"头重脚轻"，戴上显轻盈活泼，低重心的耳饰偏于成熟稳重，中重心则相对中性。

左：高重心　　　　　　中：低重心　　　　　　右：中重心

第四，大小。

耳坠的大小直接决定了它的存在感和气场。体积越大就越夸张和张扬，衬托出的个人气质也是如此；相对小巧的则可表现出低调含蓄。要根据个性和场合需要，对耳坠的大小用心选择。

小耳饰精致，大耳饰个性

下面的内容是更细致的搭配硬货——关于视觉

无论选择什么样的耳饰，最终都要落在观感上。佩戴耳饰除了让面部更富有生气与色彩、表达自我个性外，还有十分重要的作用：调整面部轮廓，以求更加匀称，扬长避短。对于五官脸型本就较平直尖锐的人来说，更适合佩戴曲线球形和曲线形的耳饰，以中和自身的锐利感，减少攻击性。本来偏圆润钝感的五官脸型，则需要三

圆形耳饰中和面部棱角，方形耳饰加强面部线条感

角形、方形、直线形造型的耳饰来提高锋芒和精致感。

还需要学会营造视觉焦点。例如，同样是长方形脸，人中短和人中长的人，是不是只要选择长度不超过下巴的耳坠，就一样好看呢？答案是否定的。知道搭配原则只是入门，把握细节才是高阶。

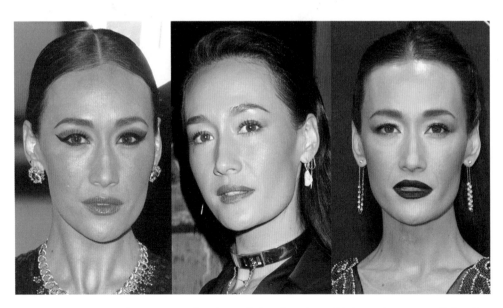

长脸型应选重心居于鼻唇之间的耳饰。左：耳饰重心高　中：耳饰重心适中　右：耳饰重心低

一旦戴上耳饰，新的视觉焦点就形成了。耳饰的形态和颜色共同决定了视觉停留点。停对了地方，美化效果立竿见影。拿长方形脸举例，人中较长的人，耳饰的重心高度要控制在鼻唇间的区域。如果耳饰重心过高，脸会看上去像被分成上下两部分，显得很长；而重心若低于嘴唇，即便没有超过下巴，也会造成人中进一步加长的视觉效果。

佩戴恰当的耳饰调整人中短、下巴长的情况

这个技巧举一反三，可以扩展到各种情况。例如人中短需要重心下移的耳坠，下巴长需要重心提高的耳坠。在这里还需注意与发型的配合，因为披发也有下移重心的作用。人中短而下巴长的情况怎么办？可以选择几何造型、视觉重心覆盖鼻到唇的耳饰。

及格和优秀之间就差一步。不妨再深入了解自己一些，不断向更佳状态迈进。

第三章

"耳饰女王"无耳洞

没有耳洞怎么佩戴耳饰？这确实是个问题。很多女性不愿穿耳，也因此放弃了耳饰。但其实我就是个没有耳洞的耳饰爱好者。

琉璃工艺花朵耳饰

2018 年，我举办了个人耳饰收藏秀，并在当场与来宾分享了一个秘密：虽然我如此热爱耳饰，有几百副收藏，但我没有耳洞。此话一出，台下一片哗然。一是惊叹我的收藏数量，二是想不到大家眼里的"耳饰女王"居然没有耳洞。"任何事都不能阻挡我热爱和追求美丽的脚步。"——这句话成为当晚最画龙点睛的一笔，让耳饰秀活动得到了升华，具有了一种情怀和精神。

其实当一名耳饰爱好者并不需要耳洞。最早出现的耳饰玉玦，就是采用夹的方式佩戴在耳垂之上，后来随着耳饰形态的变化，才有了穿耳。的确，穿耳的耳饰在很长一段时间内占据了人类佩戴耳饰的主流。相传在 20 世纪初，女权意识萌芽，人们认为把耳朵穿孔象征着庸俗和落后，于是当时的前沿女性发明了夹式耳坠，既时尚又保全了身体。要想穿出电影《神奇动物在哪里》中 20 世纪 20 年代的风格，珍珠耳夹就是必备单品。

电视剧《延禧攻略》的"一耳三钳"还原了部分清宫后妃的形象。演员自然不必打 6 个耳洞，可以用夹式耳饰。可当夹子不舒适时，会让人痛到头疼。这是佩戴夹式耳饰的顾虑之一。另一方面夹式耳饰款式少，精品更少，让大家没有选择。一些由针钩式耳饰改装过来的夹式耳饰做工粗糙，跟原始设计不能融为一体，大大降低了耳饰的精致程度。因此对于不想穿耳的人们来说，只能放弃耳饰了。久而久之，也就想不起耳饰这种饰物了。

许多人都问我为什么不打耳洞，难道不怕夹着疼吗？我那么多夹式耳饰都从哪来的？其实耳饰发展到今天，夹式耳饰从款式丰富性到佩戴舒适性，都已经进步到可以满足我们需求的程度了。我曾经深受夹式耳饰之害，淘汰过一批不舒适的劣质耳饰。供求理论告诉我们，当市场需求足够强劲，供给数量和质量也会逐步提升。这些年各种耳夹层出不穷，我自然要当当"小白鼠"，寻找最好的夹式耳饰品牌与耳夹设计。

超彩色流苏耳饰

欧式复古耳饰

后来我发现，佩戴夹式耳饰不仅可以解决打耳洞的问题，还丰富了佩戴的多样性——一些大型沉重的耳饰只能通过耳夹佩戴。

我的夹式耳饰来自很多国家与地区。在体验了绝大部分市面上的耳夹形式后，我还开始了"自主研发"，尝试改造成品，希望为所有想佩戴耳饰但并不愿穿耳的朋友提供参考。今后我会慢慢推荐设计一流、工艺精良、佩戴无痛的耳夹品牌和产品。

没有耳洞已经不是佩戴耳饰的障碍。爱美的你们，跟我一起大胆尝试吧。

两次"耳珥新语"主题展

2018 年 7 月，我举办了第一场名为"耳珥新语"的耳饰秀，意为用耳饰述说新故事。
30 位来自多个国家的中外模特，身着盛装在 T 台上展示了我收藏的部分耳饰，场面
无比惊艳。它们不都是名贵之物，但却记录着不同时代、世界各民族的文化艺术发
展历史，也凝聚着设计师与手工艺匠人的智慧与心血。模特的展示搭配专业的解说，
让上百位嘉宾感叹原来耳饰如此美妙。

2019 年 11 月，我再次策划了耳饰界的一场活动"耳珥新语"——耳饰与女性精神主
题摄影展。这次耳饰文化活动在北京视觉经典美术馆举行。开幕当天，军政界、摄影界、
文博界、艺术界众多嘉宾出席，各行业的数百位女性代表参加了活动，还有不少女
性之友也前来支持。20 多家主流媒体通过文稿、视频等方式报道了摄影展盛况。

耳饰是一个小饰物，但却是世界服饰文化的重要组成部分。可以说，耳饰见证了人类，
尤其是中华民族的社会变迁与文明进步。对新时代女性而言，耳饰是我们装点自己、
装饰生活的物件，佩戴耳饰是我们内外兼修和自我实现的表达方式，是我们审美情
趣的现实体现。

"耳珥新语"耳饰秀①

"耳珥新语" 耳饰秀②

"耳珥新语" 耳饰秀③

耳珥新语——耳饰与女性精神主题摄影展现场

在我看来，耳饰与女性精神密不可分。因为自立、自尊、自强、自信，我们才有勇气、有能力提升自己从内而外的魅力。用摄影这一艺术手法捕捉美、留住美、传播美，是最好的方式之一。耳饰对新时代女性精神而言，是以小见大，以点带面的。

影展涉及服饰文化、非遗工艺、扶贫公益、摄影艺术等多个方面。资深摄影家王秉伦将军评价说，这次展览不仅具有艺术价值，也具有文化价值和社会价值。

策划这次摄影展，是要展现耳饰之美、摄影之美、传播之美和公益之美。2019 年恰逢建国 70 周年，所以我请来了多位资深摄影家和新锐摄影师，拍摄和甄选出 70 幅女性与耳饰的照片，既是以独特视角和方式为祖国献礼，也是贯彻落实关于"发挥妇女在各个方面的积极作用，组织动员妇女走在时代前列"等指示的具体行动。

耳珥新语——耳饰与女性精神主题摄影展现场

照片质量得到了广泛认可，且全部以巨幅制作，充分展现人物和饰品的细节，冲击力极强。如果你看惯了这样的照片，估计手机里的美图照就很难入眼了。

作品呈现的人物类型丰富，是各界女性的代表。年龄从4岁到78岁，覆盖"40后"到"00后"。身份包括企业家、少数民族非遗传承人、歌唱家、法官、教师、作家、主持人、设计师、演员、创业人、学生、儿童等，充分展现出各年龄段、各行业的女性风采。

展览不单有照片，还可以在现场看到来自20多个国家和地区的耳饰实物。最久远的一副是宋代精品，最难得一见的是非洲古部落的石质耳饰。

为了让摄影展别具一格，贴近新时代气息，开幕活动上，安排了三场震撼人心的走

耳珥新语——耳饰与女性精神主题摄影展中的耳饰展品①

耳珥新语——耳饰与女性精神主题摄影展中的耳饰展品②

模特耳饰秀①

模特耳饰秀②

模特耳饰秀③

秀。耳饰分别搭配高定礼服、民族服装和成衣时装，使耳饰的运用立体鲜活，也让观众眼前一亮，营造出了具有民族感、国际感和时代感的氛围。

这次摄影展具有公益和普惠性。活动中，我与中国妇女发展基金会"妈妈制造"项目合作的耳饰首次亮相。这是推广少数民族地区妇女扶贫工作和"非遗"传承工作的公益项目，希望更多人关注、支持脱贫攻坚和中华民族传统手工艺的发展。

今后，"耳珥新语"主题系列活动还将陆续举办。

原创公益"非遗"耳饰，
让你由内而外地变美

公益，有关社会公众的福祉和利益。当下投身公益行动的人越来越多，这是国家发展和文明进步的重要标志。做对公众有益的事，对社会有价值的事，对帮助一个群体迅速成长的事，于人受益，于己快乐。

攻读硕士学位期间，我把专业从市场营销转到了应用心理。毕业论文研究的领域是志愿公益和工作福流的关系。结论是助益他人，不仅能提升自身的幸福感，还可以提高工作效率。所以很多企业支持员工做公益，因为此举不仅能够树立企业的良好品牌形象，履行社会责任，也可以凝聚员工，提升士气，促进发展，可谓一举多得。

传播耳饰文化，助力中国女性之美，是我开立公众微信号并持续举办"耳珥新语"主题活动的原因，也是让我坚持下去的理由。有幸的是，这颗公益之心赢得了很多肯定与支持。不论是转发我文章的粉丝，还是为活动提供各种帮助的朋友，都是在与我同行，行公益之举。或许，这就是我们追求美好的一种体现。

现在我是中国妇女发展基金会"妈妈制造"项目的传播官，与10多位明星和设计师一起，支持边远少数民族地区妇女通过手工艺脱贫。这不仅关乎生活质量，更关乎"非遗"和中国传统手工艺的复兴与发展。

牵手"妈妈制造",传递公益之美

中国的手工艺源远流长,技艺精湛,蕴含着中华民族特有的精神价值、思维方式、想象力和文化意识,是中华文化传承的重要物质载体。但"非遗"也受到地域限制和现代商业模式的冲击,优秀民间手工艺与消费市场之间长期信息不对称,很难融入以时尚为主流的消费市场,严重影响了传统技艺的传承。产品难以走入大众的生活,就更别提打入国际市场了。

然而中国手工艺的强大基因完全有潜力让中国制造在国际上独树一帜。"妈妈制造"项目带着传承保护非物质文化遗产、推进文化扶贫并扶持手工艺人居家就业的非凡使命,应运而生。通过在全国建立"妈妈制造合作社",对贫困手工艺人进行技能培训、资金扶持,辅以产品设计、传播推广、市场引流等,形成了全闭环式的公益产业扶持链条。

3年来,"妈妈制造"已分别在13个省建立了45个合作社,内容覆盖蜡染、扎染、刺绣、剪纸、银饰等20多种手工艺,开发了100多款具有东方文化特色、市场前景

由本人设计、"妈妈制造"出品的苗银
苗绣耳饰

"妈妈制造"项目

良好的非遗公益产品，为4000余名具备手工艺技能的女性创造了创业、就业机会。

"妈妈制造"是最温暖的制作，它不仅让部分非遗产品焕发了新的生机，促进了非遗技艺的传承，更在带动当地贫困妇女居家就业，帮助贫困女性走进经济领域、创造经济效益的同时，通过经济赋能提高她们的家庭和社会地位，同时解决了部分留守儿童、留守老人等社会问题。

以中国服装设计师协会副主席张肇达先生为首的一批中国设计师，结合非遗文化和时尚元素，为合作社提供量身定制的产品设计和开发，使产品具有收藏价值和实用价值。与尤伦斯当代艺术中心毕加索艺术、故宫食品等大品牌的合作，为传统手工艺注入了新的元素。

"妈妈制造"还带领非遗文化产品走出大山、走向国际舞台，在联合国总部的可持续发展论坛、美国、英国、法国等地举办了专题展览。

由作者本人设计，"妈妈制造"出品的耳饰

2019 年 7 月，"妈妈制造"与尤伦斯当代艺术中心合作开展的"约会天才妈妈"慈善之夜活动，直播渠道观看人数超过 70 万人次，"约会天才妈妈"微博话题阅读量超过 1 亿人次，另外在线上腾讯朋友圈广告推广，线下广州、深圳等城市的公交地铁、地标广告、纽约时代广场、纸媒等渠道的推广，公众曝光量累计超过 3 亿人次。

合作社提供手艺，我提供创意，是 2020 年我与"妈妈制造"的合作方式，也是我作为传播官的一点贡献。此项合作的三款耳饰分别采用苗银、苗绣、盘绣、錾刻等工艺，全手工制作。在"耳珥新语"摄影展开幕式上，作品已通过实物展和模特秀的方式呈现在大众面前。

看着耳饰上的一针一线，我仿佛与制作它的那位心灵手巧的"妈妈"进行了隔空对话。这是我的心，也是她的心。

如果你想支持"妈妈制造"，想拥有一款独特的"非遗"耳饰，想为扶贫和中国手工艺的发展出一份力，请持续关注"女王的珥尔"微信公众号，参与线上线下活动，或许很快就会梦想成真。

圣地耳饰：带着美与希望，迈向未来

2019 年初，我决心要在年内去一趟拉萨，把足迹留在最接近太阳的传说中的圣地。不爱凑热闹的我，选择在 12 月末踏上这次旅程。

这时候的拉萨空气稀薄、天气寒冷，或许会导致比较严重的高原反应。但内心的坚定远比外部条件来得重要。幸运的是，这一行非常顺利，我见到了在视频和图片上经常出现的湛蓝天空、清澈湖水、庄严庙宇和朝拜信众。

圣地之旅

佩戴饰品的藏族男女

耳听千次不如亲走一遭。在这里可以感受藏族人民坚定的信仰和内心的执着。在西藏辞旧迎新，特别而有意义。至此，我已经踏入过除台湾外祖国所有的省域（直辖市）。

去西藏不仅是为了完成心愿，也是为寻觅藏式耳饰。1000多年前的唐代，松赞干布建立了吐蕃王朝，至此青藏高原有了统一的政权。文成公主入藏的故事流传至今，成为千古佳话。汉藏联姻加强了西藏与中原政治、经济和文化的交流，也让极富特色的藏式耳饰流传到中原大地。

对于西藏人来说，珠宝是不可或缺的。饰品不仅是装饰，更是财富的象征。牧民把几代人积累下来的财产转化为珠宝首饰满身披挂，以适应四处迁徙的生活。他们也会把最珍贵的珠宝献给寺庙，供奉佛祖菩萨。

佩戴饰品的藏族妈妈

古朴的藏式耳饰

充满民族风情的藏式耳饰

藏饰渗透着远古的文化和神秘。男女老少都会用藏饰装扮自己。男士佩戴耳饰的现象在西藏随处可见，在那里同样也可看到佩戴大型耳饰的佛像和王公贵族像。

藏式耳饰粗犷、多彩，或古朴，或奢华，大多以珊瑚、玛瑙、牦牛骨、藏银、三色铜、绿松石、黄金、棉线等制作。纹样多见花朵、动物、宝塔、水滴等。

无论多艳丽的色彩，搭配在藏式耳饰之上都不会有违和感，因为西藏就是这么崇尚丰盛，不造作也不矜持。

拉萨八廓街有很多藏式耳饰。其造型多样，有朴素的大众设计，也有仿珍品的复杂款式，价格高低不一。如果不追求材质，可以在小店里淘到精致且价廉的好物。

鉴于藏式耳饰的多样化，能够与之搭配的衣着和场合很多。大型藏式耳饰适合搭配民族服装或礼服。小型藏式耳饰则可着重运用它特别的造型和丰富的色彩，在穿着休闲和个性服装时佩戴。

西藏拉萨之行，为我的耳饰家族添了新成员。在圣地我许下心愿：带着美与希望，继续走在传播耳饰文化的路上。

我 与 耳 饰 走 过 十 年

热爱与坚持，是所有的理由和答案。

我与耳饰的缘分，正好可以追溯到十年前。这期间我在耳饰收藏和研究领域走过了
初始积累之路，有些小见闻，有点小思考，有了小空间。

因为铁了心不打耳洞，大学毕业后我就开始佩戴耳夹。那时候耳夹的选择很少，样式也非常单一，无从谈起形成自己的风格。直到2010年，一个设计感十足、工艺精良、款式丰富的德国品牌进入我的世界，从此我对耳饰的感情逐渐深厚。

很钦佩这个小物件带给人们的变化和惊喜。但把喜欢变成爱好，把爱好做出价值，我其实经历了一个不短的过程：最先是购买，接着是收集，然后是研究，最后是传播。

2011年，我的耳饰从10多副增加到了50多副。这个数字每年持续攀升，到2019年突破了600副。同时，耳饰的出产地也从几个国家发展到30多个国家和地区，风格也由商务、休闲、舞台拓展到民族、运动、卡通和炫酷。拥有的数量并不值一提，让我感触最深的关键词是这个过程中的"坚持"和"公益"。

荀子曾言：锲而不舍，金石可镂。我一年365天不间断地佩戴耳饰，于自己养成了习惯，于他人形成了印象，慢慢成为个人的标签之一。正是坚持让我与耳饰那样亲密无间、密不可分。

2018年我创建"女王的珥尔"公众微信号，每周一篇的更新也成为我的坚持。尽管工作和生活都很忙碌，业余时间并不充裕，但我并未轻言放弃。既然选择了认真开始，就不能随意懈怠。如果说收集耳饰、佩戴耳饰是我的爱好，那么研究文化、传播美丽就是我

的心愿。坚持写作需要的是决心和毅力，更需要不断探索和思考。

有朋友曾问我哪有时间自己写作，是不是有人在替我运营。我回答：时间就像海绵。写文章最受益的是自己。不光落笔，就连选择每张图片，都是我亲力亲为。也只有这样，才让我能够有所收获。或许喜欢与热爱之间就是有一道鸿沟，需要用坚持去填满和跨越。

再来谈谈公益。无论举办公益活动，还是推广公益产品，其实都在践行公益，而最大的公益来自自己的初心。为什么要进行耳饰研究，为什么要撰写文章，为什么要传播文化？是希望更多人从中受益，包括外在形象的提升，包括相关知识的增长，包括减少穿耳的痛苦，包括燃起对生活的热爱……这些是我真正想做的。

我坚信，有了这些初心和愿望，我也将得到越来越多的理解、支持和帮助。

第三届
人人都是志愿者

尊重生命的多样性，陪伴他们一起成长！

「小兔」by自闭症儿童常路加

愿"坚持"与"公益"陪伴你，一路走向更加幸福的人生。祝愿所有朋友美丽、健康、愉快。

后记